1+X 证书制度试点培训用书

Web 前端开发
实训案例教程（初级）

北京新奥时代科技有限责任公司　组编

電子工業出版社
Publishing House of Electronics Industry
北京•BEIJING

内 容 简 介

本书是根据《Web 前端开发职业技能等级标准 2.0 版》（初级）编写的配套的实践教程，其中涉及的项目代码使用 HBuilder 开发工具编译，并且均可在主流浏览器中运行。

本书将中职、高职院校及应用型本科院校的计算机应用、软件技术等相关专业开设的 Web 前端开发方向的课程体系，与企业 Web 前端开发岗位能力模型相结合，依据《Web 前端开发职业技能等级标准 2.0 版》（初级）的技能要求，形成三位一体的 Web 前端开发技术知识地图。本书以实践能力为导向，以开发企业真实应用为目标，遵循企业软件工程标准和技术开发要求，采用任务驱动方式，将 Web 前端开发（初级）所涉及的 HTML+HTML5、CSS+CSS3、JavaScript、jQuery 相关知识单元，充分融入实际案例和应用环境中。本书对《Web 前端开发职业技能等级标准 2.0 版》（初级）涉及的重要知识单元都进行了详细的介绍，帮助读者掌握 Web 前端开发的技术技能要求。

本书依托实验项目对知识单元进行介绍，并且针对不同的知识单元设计了多个实验项目，帮助读者掌握每个知识单元的核心内容。

本书适合作为《Web 前端开发职业技能等级标准 2.0 版》（初级）实践教学的参考用书，也可作为有意成为 Web 前端开发工作者的学习指导用书。

图书在版编目（CIP）数据

Web 前端开发实训案例教程：初级 / 北京新奥时代科技有限责任公司组编. —北京：电子工业出版社，2023.3

ISBN 978-7-121-45304-5

Ⅰ. ①W… Ⅱ. ①北… Ⅲ. ①网页制作工具－高等学校－教材 Ⅳ. ①TP393.092.2

中国国家版本馆 CIP 数据核字（2023）第 051764 号

责任编辑：胡辛征　　　特约编辑：田学清
印　　刷：三河市龙林印务有限公司
装　　订：三河市龙林印务有限公司
出版发行：电子工业出版社
　　　　　北京市海淀区万寿路 173 信箱　　　邮编：100036
开　　本：787×1092　1/16　印张：14.5　字数：400 千字
版　　次：2023 年 3 月第 1 版
印　　次：2025 年 1 月第 3 次印刷
定　　价：55.00 元

凡所购买电子工业出版社图书有缺损问题，请向购买书店调换。若书店售缺，请与本社发行部联系，联系及邮购电话：（010）88254888，88258888。

质量投诉请发邮件至 zlts@phei.com.cn，盗版侵权举报请发邮件至 dbqq@phei.com.cn。

本书咨询联系方式：（010）88254361，hxz@phei.com.cn。

前 言

在职业院校、应用型本科高校启动“学历证书+若干职业技能等级证书”（1+X）制度试点工作是贯彻落实《国家职业教育改革实施方案》（国发〔2019〕4 号）的重要内容。工业和信息化部教育与考试中心作为首批 1+X 证书制度试点工作的培训评价组织，组织技术工程师、院校专家，基于从业人员的工作范围、工作任务和实践能力，以及应该具备的知识和技能，开发了《Web 前端开发职业技能等级标准》。该标准反映了行业企业对当前 Web 前端开发职业教育人才培养的质量规格要求。Web 前端开发职业技能等级证书培训评价自 2019 年实施以来，已经有近 1500 所中职和高职院校参与书证融通试点工作。通过师资培训、证书标准融入学历教育教学和考核认证等，Web 前端开发职业技能等级证书培训评价对改革对应的专业教学、提高人才培养质量、推动促进就业起到了积极的作用。

依据 2021 年试点工作安排，工业和信息化部教育与考试中心对《Web 前端开发职业技能等级标准》进行了更新与完善，并在 X 证书信息管理服务平台中发布了《Web 前端开发职业技能等级标准 2.0 版》。为了帮助读者学习和掌握《Web 前端开发职业技能等级标准 2.0 版》（初级）涵盖的实践技能，工业和信息化部教育与考试中心联合北京新奥时代科技有限责任公司，组织相关企业的技术工程师、院校专家编写了本书。本书按照《Web 前端开发职业技能等级标准 2.0 版》（初级）的职业技能要求，以及企业软件项目开发思路与开发过程，精心设计了多个实验项目，这些实验项目均源于企业的真实案例。

本书包括 25 个实验项目，共 26 章。本书的相关思政内容符合中职、高职和应用型本科院校课程思政建设的要求。每个实验项目都设定了实验目标，以任务驱动，采用迭代思路进行开发，书中所有代码均可使用 HBuilder 开发工具中进行编译。

第 1 章是实践概述，主要介绍本书的实践目标、实践知识地图和实施安排。

第 2～26 章是实验部分，针对开发环境、HTML+HTML5、CSS+CSS3、JavaScript、jQuery 等核心知识单元设计了实验项目，每个实验项目包括实验目标、实验任务、设计思路和实验实施（跟我做），最大限度地覆盖 Web 前端开发（初级）的实践内容。

参加本书编写工作的有谭志彬、龚玉涵、张晋华、马庆槐、王博宜、姜宜池、马玲、江涛、侯仕平、刘新红、郭钊和杨耿冰等。

由于编者的水平和时间有限，书中难免存在不足之处，敬请广大读者批评指正。

编 者

目 录

第1章 实践概述

1.1 实践目标

本书围绕工业和信息化部教育与考试中心发布的《Web 前端开发职业技能等级标准 2.0 版》（初级）设计内容，结合实践课程融入课程思政的要求，安排不同类型的实验综合训练读者的 Web 前端开发技能应用能力。通过学习和实践本书提供的实验，读者可以完成以下几个实践目标。

（1）了解网页设计与制作，掌握 HBuilder 开发工具的安装和使用。

（2）能使用文档声明标签、头部标签、主体标签、文本标签、图像标签、列表标签、表格标签、表单标签、超链接标签和 iframe 框架等开发静态网页。

（3）能使用 HTML5 语义化标签、新增全局属性、页面增强标签、表单标签和属性、多媒体标签等新特性开发静态网页和移动端应用网页。

（4）能使用 CSS 的选择器、单位、字体、文本、颜色和背景等美化页面样式，能使用盒模型、区块、浮动和定位等设计网页布局。

（5）能使用 CSS3 的新增选择器、边框、颜色、字体、盒阴影、背景和渐变等新特性美化页面样式，能使用 CSS3 的动画、过渡和 2D/3D 转换等特性设计网页的动态效果，能使用多列布局和弹性布局等设计网页布局。

（6）能使用 JavaScript 的基本语法、编码规范、数据类型、变量、运算符、流程控制语句、函数、数组、对象和原型链等编写 JavaScript 程序，能使用 Window 对象、DOM 对象和事件等进行交互效果的开发。

（7）能使用 jQuery 选择器、jQuery DOM、jQuery 事件等操作网页元素和响应用户交互操作，能使用 jQuery 动画为页面添加动态效果，能使用 jQuery 插件开发交互效果的页面。

（8）具备静态网页的设计、开发、调试和维护等能力，可以综合应用上述 Web 前端技术开发静态网站。

（9）遵循企业 Web 标准设计和开发过程，培养良好的工程能力，提高 PC 端和移动端静态网页开发的实践能力，达到初级 Web 前端开发工程师的水平。

1.2 实践知识地图

根据工业和信息化部教育与考试中心发布的《Web 前端开发职业技能等级标准 2.0 版》（初级）的要求，以及 HTML、HTML5、CSS、CSS3、JavaScript 和 jQuery 相关职业技能的要求，绘制如下知识地图。

1. HTML 知识地图

HTML 的主要内容包括 HTML 基本结构、文本标签、全局属性、图像、列表、超链接、表格、表单和 iframe 框架等，如图 1-1 所示。

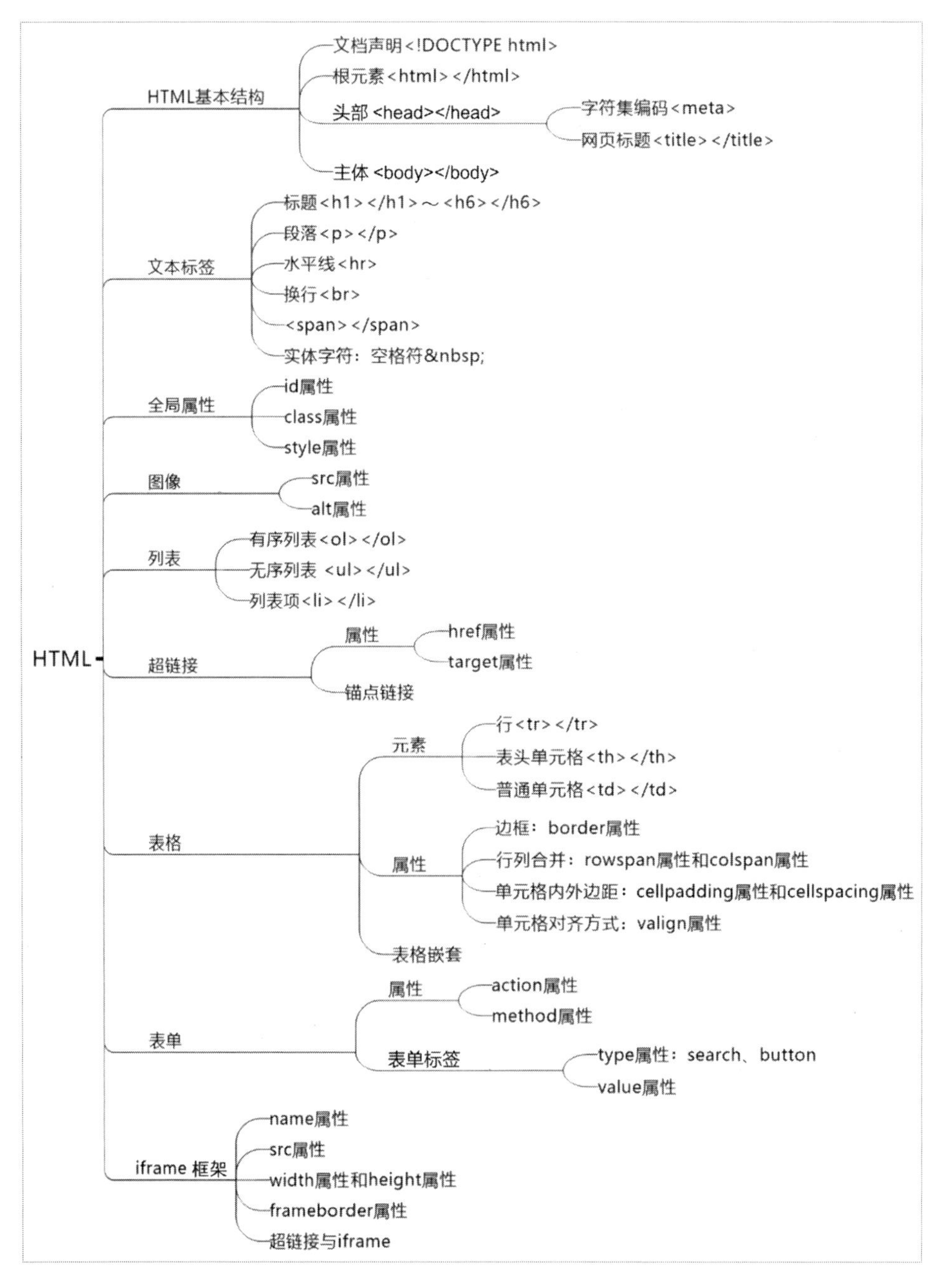

图 1-1

2．HTML5 知识地图

在 HTML 的基础上，HTML5 增加的主要内容包括 HTML5 页面结构、视口、新的语义化标签、页面增强标签、表单和多媒体标签等，如图 1-2 所示。

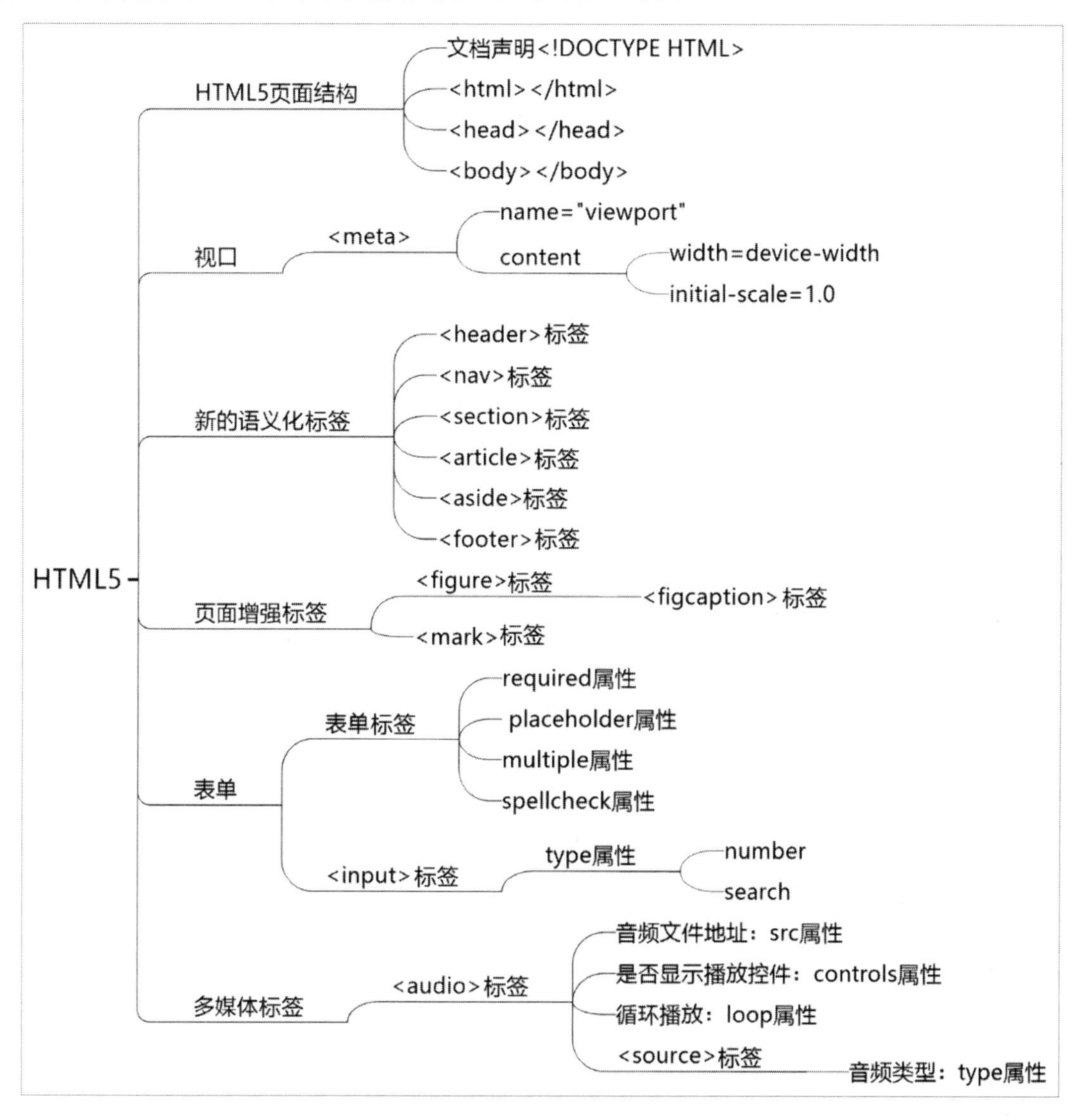

图 1-2

3．CSS 知识地图

CSS 的主要内容包括样式引入、选择器、单位、尺寸、字体样式、文本样式、列表样式、颜色、背景、盒模型和布局等，如图 1-3 所示。

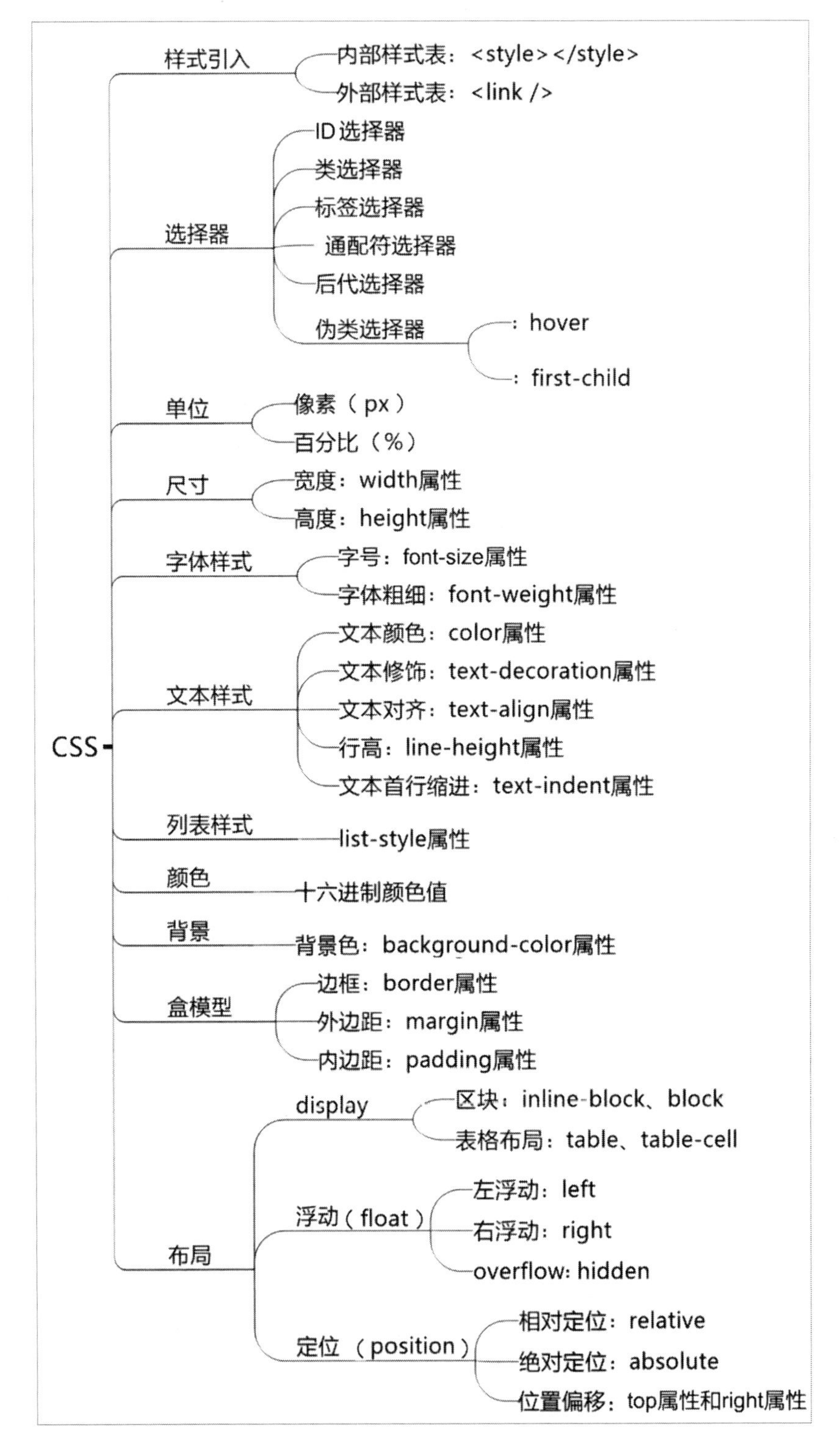

图 1-3

4．CSS3 知识地图

在 CSS 的基础上，CSS3 增加的主要内容包括 CSS3 新增选择器、边框新特性、颜色新特性、阴影、字体、动画、2D/3D 转换、多列布局和弹性布局等，如图 1-4 所示。

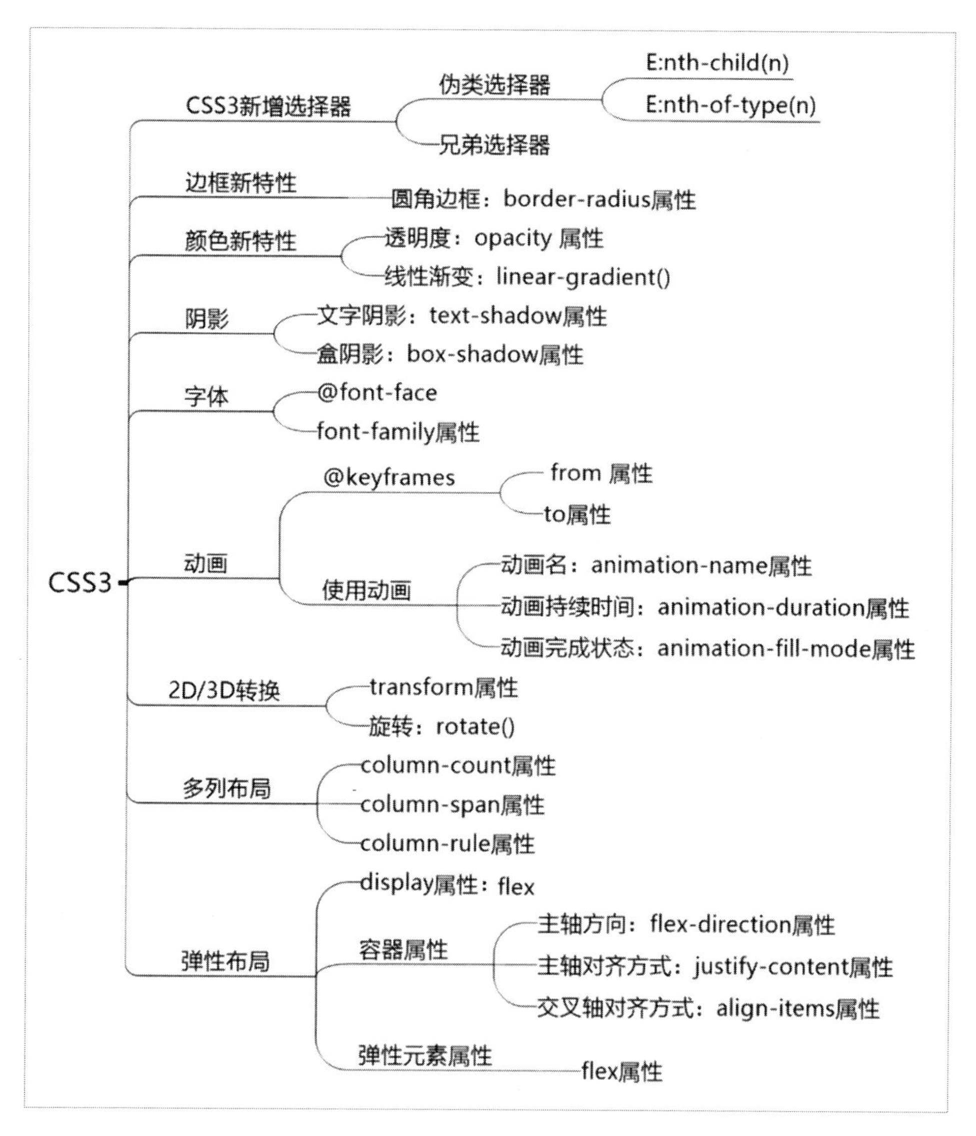

图 1-4

5．JavaScript 知识地图

JavaScript 的主要内容包括 JavaScript 脚本的引入、变量、数据类型、运算符、流程控制语句、函数、数组、内置对象、面向对象、Window 对象、DOM 操作和事件等，如图 1-5 所示。

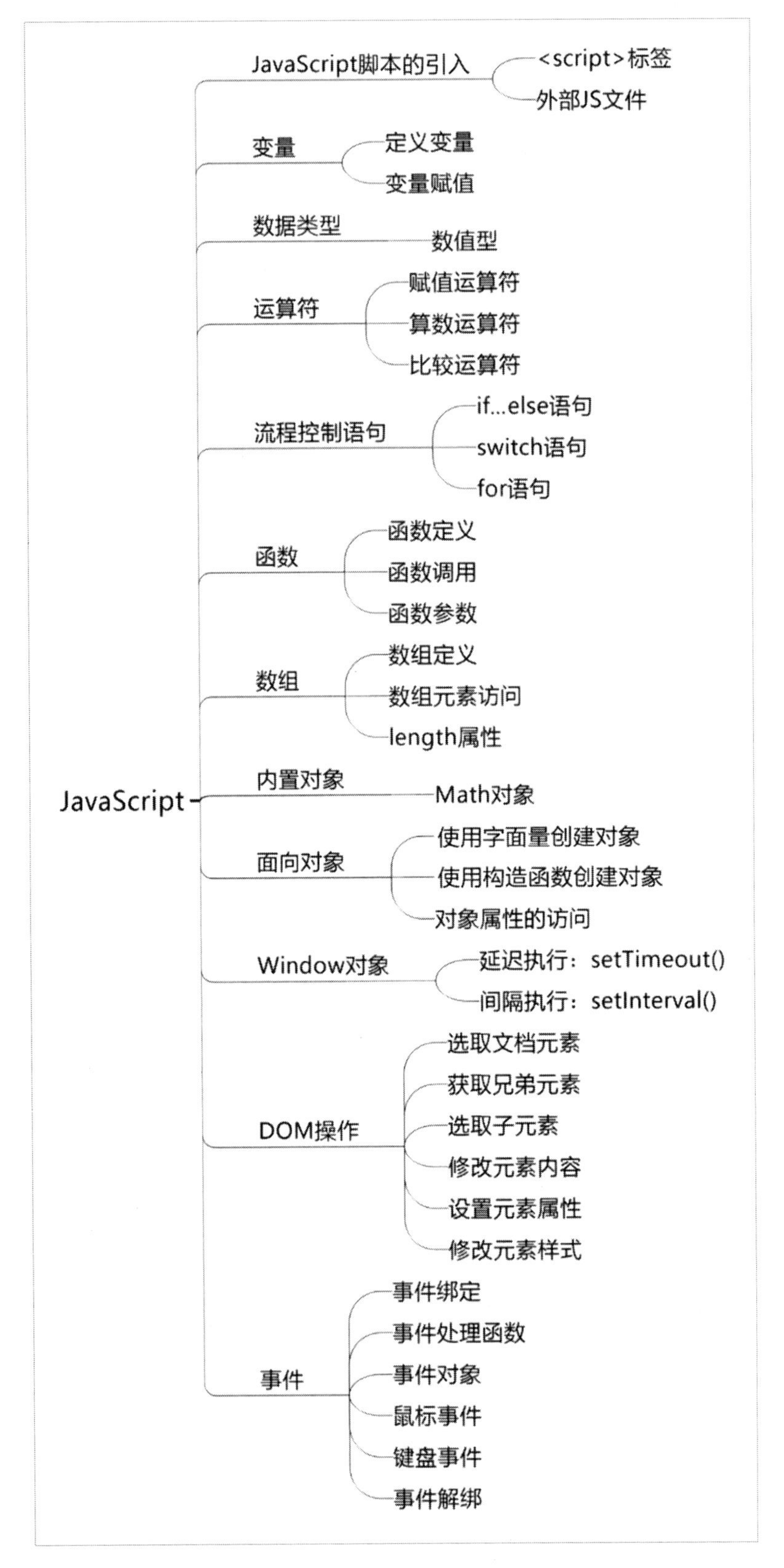

JavaScript
JavaScript脚本的引入
<script>标签
外部JS文件
变量
定义变量
变量赋值
数据类型
数值型
运算符
赋值运算符
算数运算符
比较运算符
流程控制语句
if...else语句
switch语句
for语句
函数
函数定义
函数调用
函数参数
数组
数组定义
数组元素访问
length属性
内置对象
Math对象
面向对象
使用字面量创建对象
使用构造函数创建对象
对象属性的访问
Window对象
延迟执行：setTimeout()
间隔执行：setInterval()
DOM操作
选取文档元素
获取兄弟元素
选取子元素
修改元素内容
设置元素属性
修改元素样式
事件
事件绑定
事件处理函数
事件对象
鼠标事件
键盘事件
事件解绑

图 1-5

6．jQuery 知识地图

jQuery 的主要内容包括 jQuery 的引入、jQuery 选择器、jQuery DOM 操作、jQuery 事件、jQuery 动画和 jQuery 插件等，如图 1-6 所示。

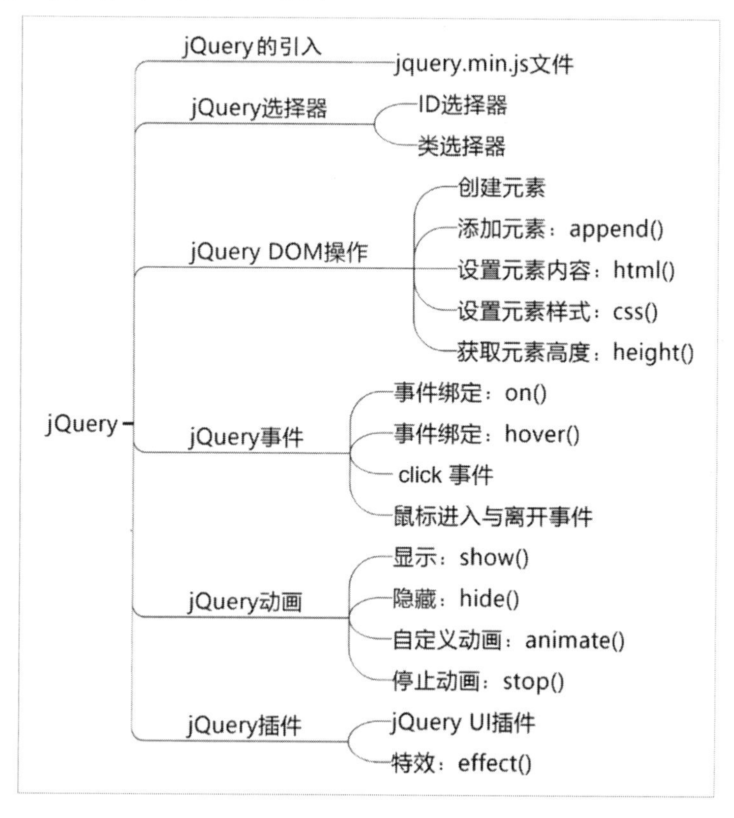

图 1-6

1.3　实施安排

围绕《Web 前端开发职业技能等级标准 2.0 版》（初级），以及（HTML5+CSS3、JavaScript+jQuery 等相关课程的教学内容，本书通过实验（技术专题）介绍 Web 前端开发涉及的知识单元，帮助读者掌握这些知识在实际场景中的应用。

参照《Web 前端开发职业技能等级标准 2.0 版》（初级）中的职业技能要求，结合企业网站实际岗位的情况，编者选取开发环境、HTML/HTML5、HTML/HTML5+CSS/CSS3、JavaScript+jQuery 等内容，针对《Web 前端开发职业技能等级标准 2.0 版》（初级）中的工作任务，安排了 25 个实验，分别用来训练相关知识单元，如表 1-1 所示。

表 1-1

编　号	知 识 单 元	实 验 名 称
1	开发环境	HBuilder 开发工具
2	HTML/HTML5	文库网站
3		网址导航
4		影评网
5		音乐网站

续表

编　　号	知 识 单 元	实 验 名 称
6	HTML/HTML5+CSS/CSS3	招聘网站
7		旅游网站
8		企业门户网站
9		动物园网站
10		开源社区
11		动漫视频网站
12		外卖网
13		摄影网站
14		线上点单网站
15		魔方相册
16		简易地球仪
17		个人博客
18	JavaScript+jQuery	Banner 轮播图
19		商品选项卡
20		盲盒小游戏
21		大转盘抽奖
22		网页便签
23		拼图
24		视频弹幕
25		网页调色器

每个实验可以作为一个小型项目，围绕职业技能要求进行设计，以任务驱动，迭代开发，确保每一步均可验证和实现。每个实验包括实验目标、实验任务、设计思路和实验实施（跟我做）。

第2章 开发环境：HBuilder 开发工具

2.1 实验目标

（1）了解国内外常用的 Web 前端开发工具，熟悉国产化 Web 前端开发工具。
（2）掌握 HBuilder 的下载、安装和使用。

2.2 实验任务

（1）下载并安装 HBuilder。
（2）使用 HBuilder 创建一个 Web 项目。
（3）使用 HBuilder 在 Web 项目中创建一个 HTML 页面，并且该页面能够在浏览器中正确显示，效果如图 2-1 所示。

图 2-1

2.3 设计思路

（1）首先在官网中下载 HBuilder，然后进行安装。
（2）双击 HBuilder.exe 启动 HBuilder。
（3）创建一个项目工程。
（4）创建 HTML 页面并编辑。
（5）在浏览器中运行文件并查看页面效果。

2.4 实验实施（跟我做）

2.4.1 步骤一：下载和安装 HBuilder

1．下载 HBuilder

（1）打开如图 2-2 所示的 HBuilder 官网的下载页面，单击“立即下载”按钮。

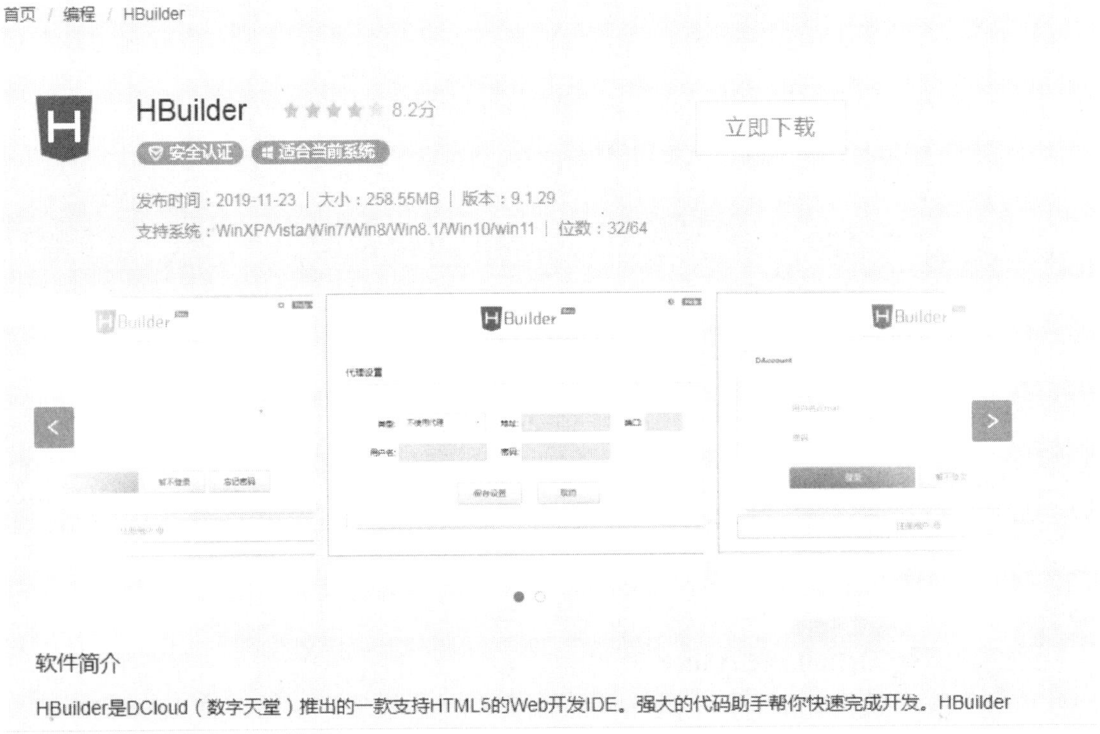

图 2-2

（2）下载压缩文件（如 HBuilder.9.1.29.windows.zip）。

2．安装 HBuilder

将下载的压缩文件（如 HBuilder.7.6.2.windows.zip）解压缩到一个目录下（如解压缩到 E 盘根目录下，解压缩后将生成 E:\HBuilder），即名称为 HBuilder 的文件夹，文件目录如图 2-3 所示。

图 2-3

2.4.2　步骤二：启动 HBuilder

（1）双击 HBuilder.exe，启动 HBuilder，显示的主界面如图 2-4 所示。

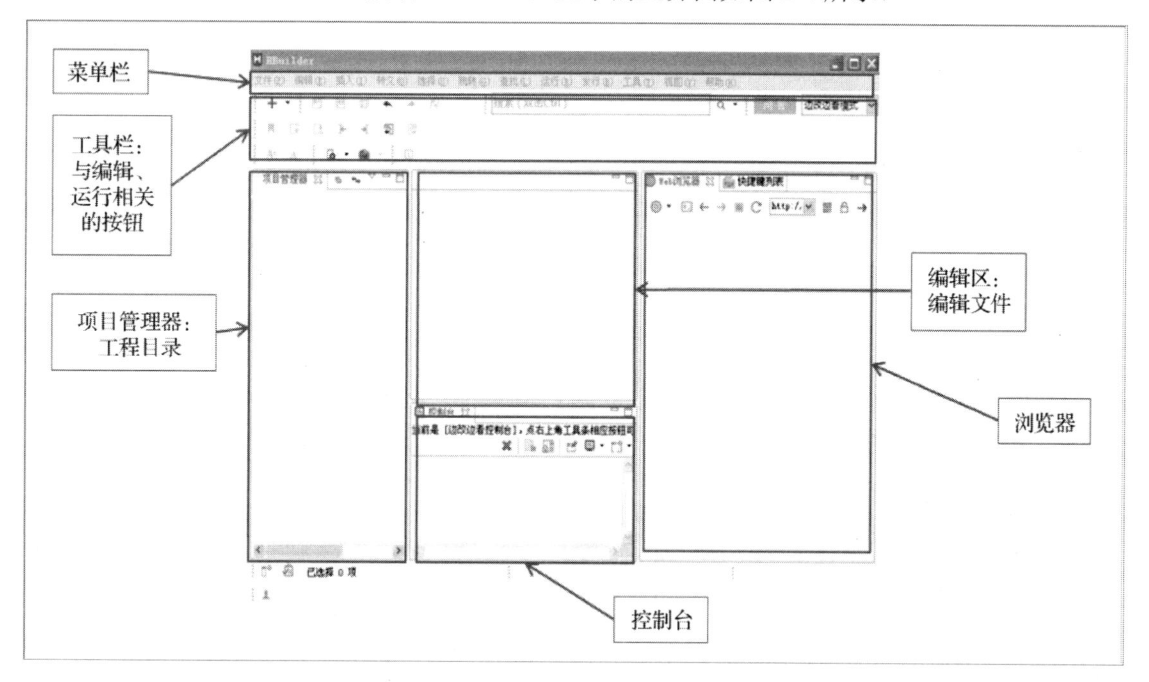

图 2-4

（2）创建页面的 3 个步骤如图 2-5 所示。

- 创建项目和 HTML 文件。
- 编辑 HTML 文件。
- 在浏览器中运行 HTML 文件。

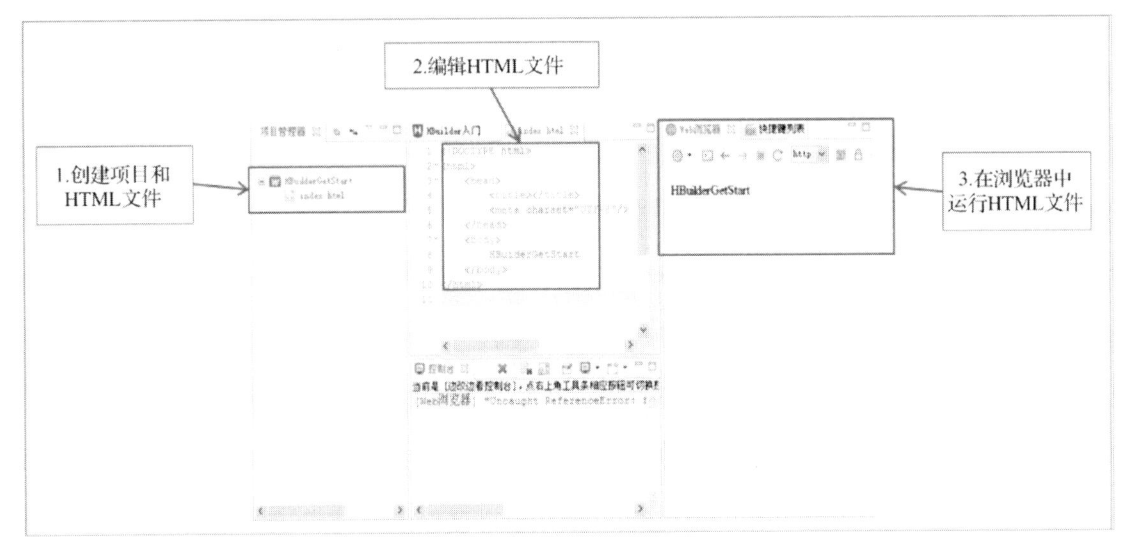

图 2-5

2.4.3 步骤三：创建 Web 项目

（1）选择“文件”→“新建”→“Web 项目”命令（也可按 Ctrl+N 组合键，选择“Web 项目”命令），如图 2-6 所示。

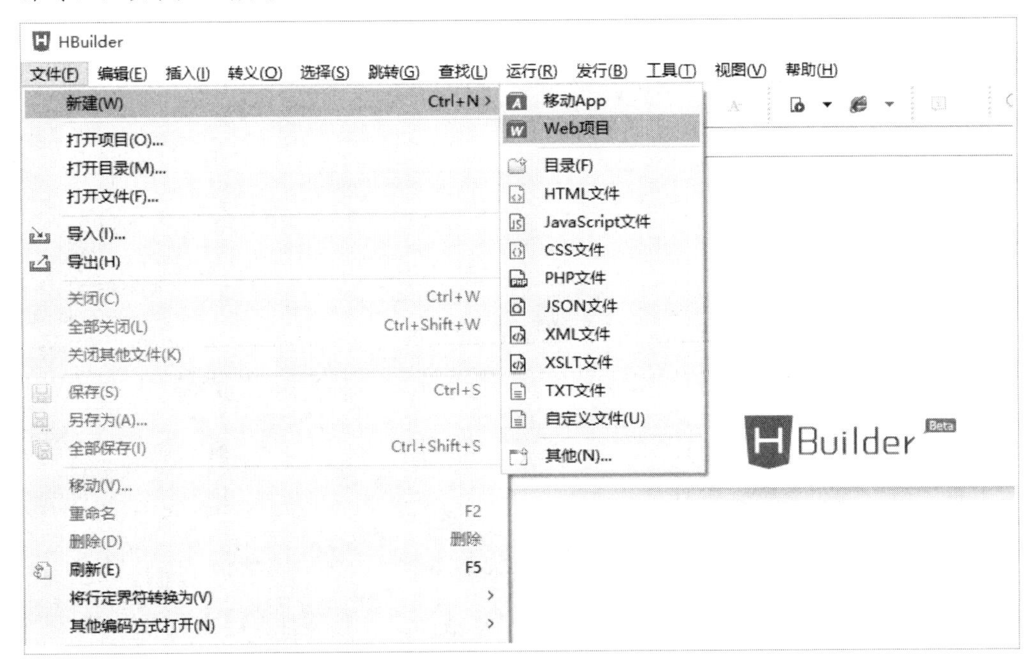

图 2-6

HBuilder 会为项目建立索引，通过索引管理项目文件的链接引用关系。这样，很多跨文件的操作 HBuilder 都能智能处理，如引用提示、转到定义、重构、移动图片路径等。

（2）在如图 2-7 所示的“创建 Web 项目”界面中，A 处是新建项目的名称，B 处是项目保存路径（更改此路径 HBuilder 会记录，下次默认使用更改后的路径），C 处是可选择使用的模板（也可单击“自定义模板”链接）。

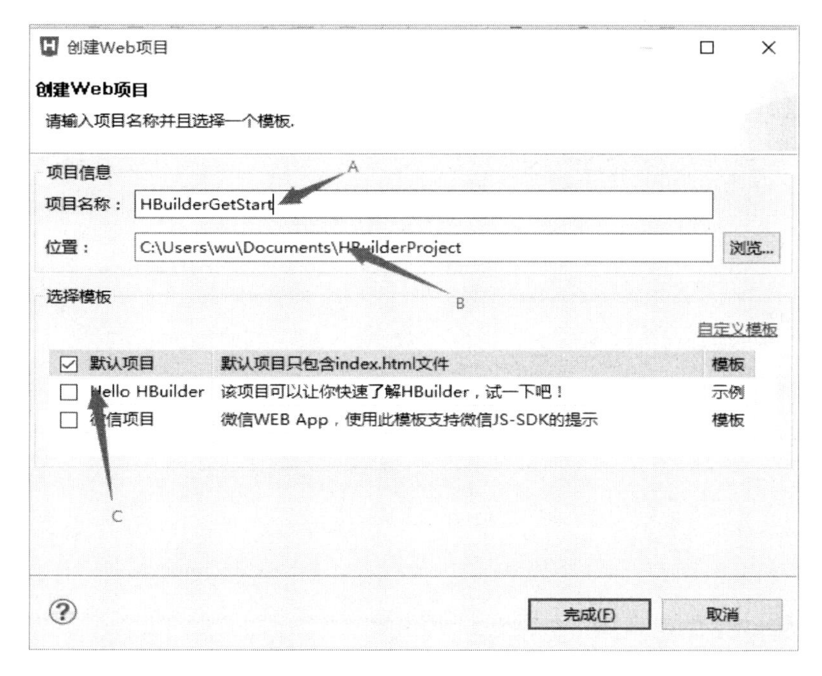

图 2-7

2.4.4　步骤四：创建 HTML 文件

单击“项目管理器”面板上方的“文件”按钮，选择“新建”→“HTML 文件”命令（或者按 Ctrl+N 组合键，选择“HTML 文件”命令），勾选“空白文件”复选框，如图 2-8 所示。

图 2-8

2.4.5 步骤五：编辑 HTML 文件

在“项目管理器”面板中选中新建的 HTML 文件，编辑区会显示该文件中的代码，此时可以在编辑区对代码进行编辑，如图 2-9 所示。

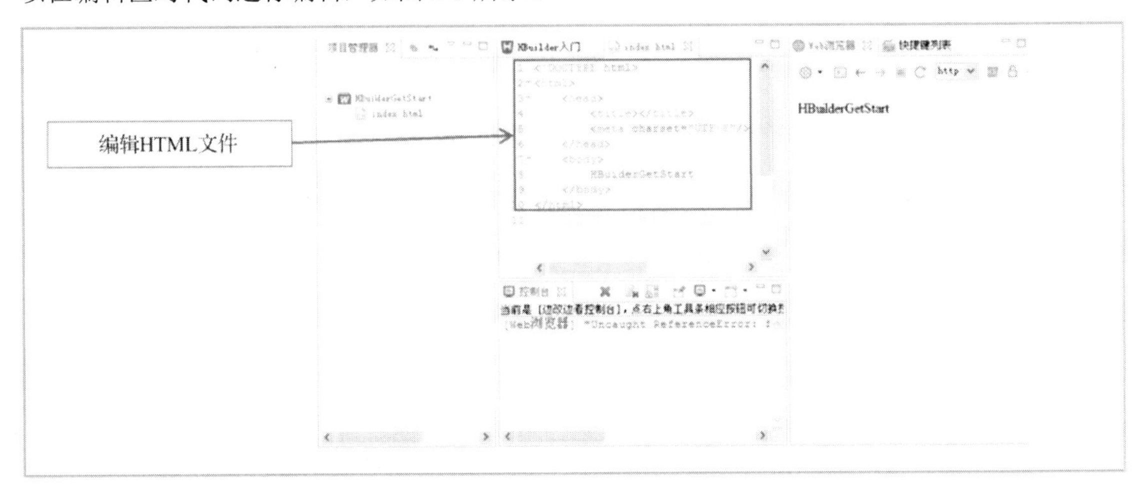

图 2-9

2.4.6 步骤六：运行 HTML 文件

按 Ctrl+P 组合键切换为边改边看模式，在此模式下，若当前打开的是 HTML 文件，则每次保存都会自动刷新以显示当前页面效果，如图 2-10 所示。

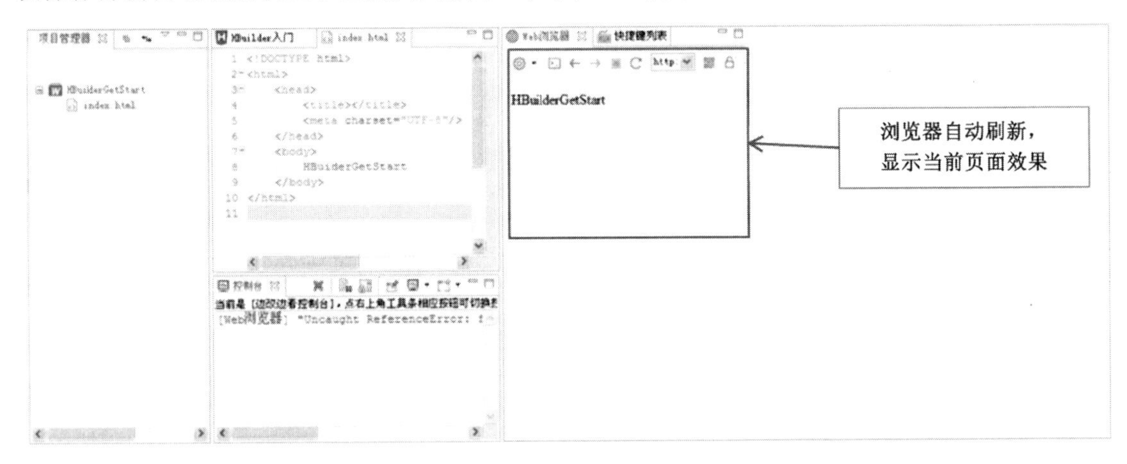

图 2-10

第 3 章 HTML/HTML5：文库网站

3.1 实验目标

（1）能使用 HTML 文档声明标签、头部标签和主体标签等构建网页基本结构。
（2）能使用文本标签、图像、列表和表格等搭建静态网页。
（3）能使用超链接完成页面跳转。
（4）综合应用 HTML 静态网页开发技术开发文库网站。
本章的知识地图如图 3-1 所示。

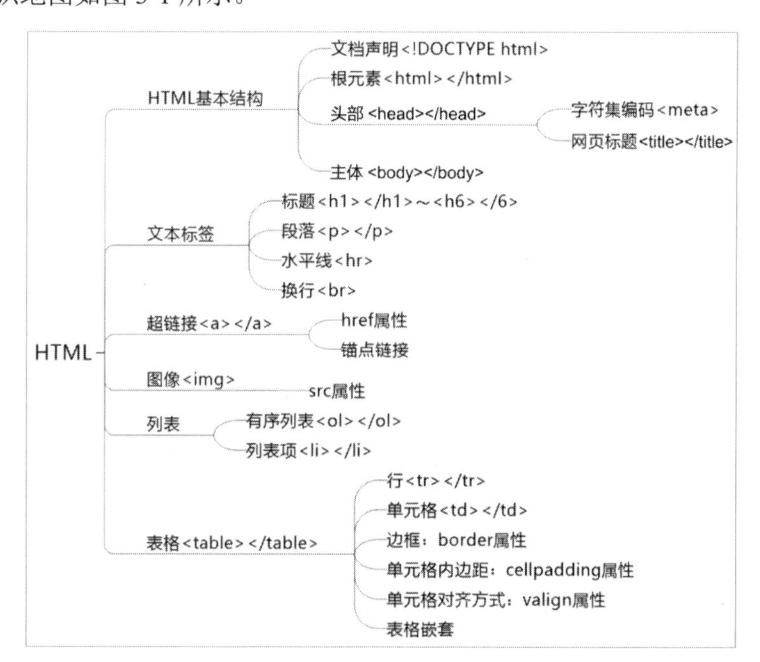

图 3-1

3.2 实验任务

（1）制作网站首页，首页中包含“文档”列表和“排行”列表。“文档”列表中包含若干文档封面和文档标题，“排行”列表中包含 10 条热门文档标题。单击“文档”列表中的文档标题，页面跳转至文档详情页。首页的页面效果如图 3-2 所示。

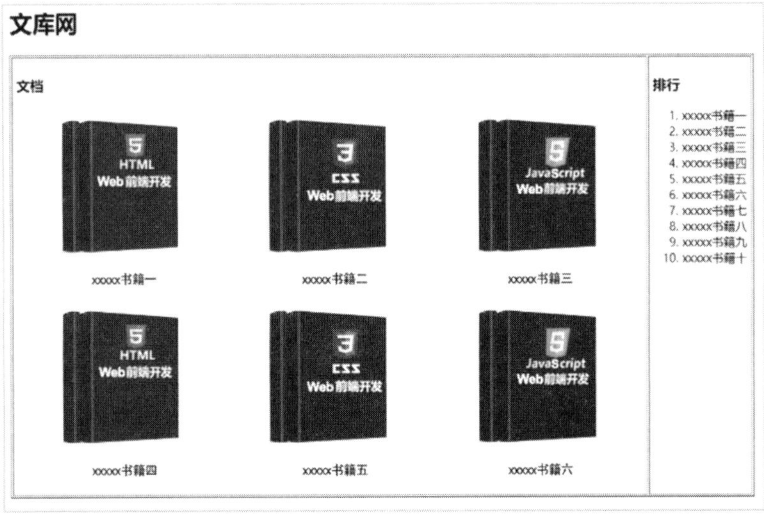

文库网
文档
排行
HTML
Web前端开发
CSS
Web前端开发
JavaScript
Web前端开发
xxxxx书籍一
xxxxx书籍二
xxxxx书籍三
xxxxx书籍四
xxxxx书籍五
xxxxx书籍六
1. xxxxx书籍一
2. xxxxx书籍二
3. xxxxx书籍三
4. xxxxx书籍四
5. xxxxx书籍五
6. xxxxx书籍六
7. xxxxx书籍七
8. xxxxx书籍八
9. xxxxx书籍九
10. xxxxx书籍十

图 3-2

（2）制作文档详情页，该页面包含页头、正文及页脚 3 个部分，页面效果如图 3-3 所示。

W3C的Web标准工作
W3C标准
W3C中国
文 档 13篇
阅 读 530次
W3C的Web标准工作
W3C通过设立领域（Domains）和标准计划（Activities）来组织W3C的标准活动。截至2014年3月，W3C共设立5个技术领域，开展23个标准计划。这些主要的标准工作包括以下7类。
Web设计及应用（Web Design and Applications）
Web设计及应用包括构建和渲染Web页面所需的各类技术标准，如HTML、CSS、SVG、AJAX及其他用于构建Web应用（WebApps）的技术；这里也包括如何让Web页面及信息服务于残障人士、多语言环境下的国际化，以及让Web页面在移动设备上更好、更容易地获取相关技术。
Web体系架构（Web Architecture）
Web体系架构主要关注Web的基础技术和原则，包括URIs及HTTP协议等。
语义Web（Semantic Web）
传统的Web由文档组成，W3C希望通过一组技术支撑“数据的Web”，即Web of Data，将Web看作一个存储和管理数据的大型分布式数据库。语义Web是构造这样的数据Web的重要一环，帮助人们创建数据并存储在Web上，创建相关的词汇表及数据的处理规则。具体的技术包括RDF、SPARQL、OWL及SKOS等。
可扩展标记语言（XML Technology）
可扩展标记语言（eXtensible Markup Language）是一种具有结构性标记的标记语言，可以用来标记数据、定义数据类型，是一种允许用户对自己的标记语言进行定义的语言。XML的相关技术包括XML、XML名字空间（Namespace）、XML大纲（Schema）、XSLT、高效XML数据交换（Efficient XML Interchange, EXI）及其他相关标准规范。
服务的Web（Web of Services）
Web上及许多企业软件中，存在大量网络可访问的、基于消息的软件和服务。构造服务的Web需要一系列Web服务的技术和标准，包括HTTP、XML、SOAP、WSDL、SPARQL等。
面向各种访问设备的Web（Web of Devices）
W3C致力于让Web用户在任何时间、任何地点，通过任何设备都可以获取Web内容和服务，这些访问Web的设备既包括智能手机及其他移动终端，也包括任何适用Web技术的消费电子、打印机、交互式电视，以及各类集成到其他产品中的终端（如车载Web终端等）。
浏览器和开发工具（Browsers and Authoring Tools）
Web的价值和成长依赖其全球性和普适性。我们需要确保无论用户在使用什么样的计算机、软件、语言、网络环境、传感和交互设备时，都能够获得同样的Web内容和体验。W3C通过制定各类国际Web标准来确保这一目标得以实现。这些标准也使Web对所有人更加开放。
Copyright © xxxxxxx All Rights Reserved. 回到顶部

图 3-3

3.3　设计思路

（1）网站首页分为页头和正文两部分，页头部分为页面标题，正文部分为“文档”列表和“排行”列表，页面结构如图 3-4 所示。

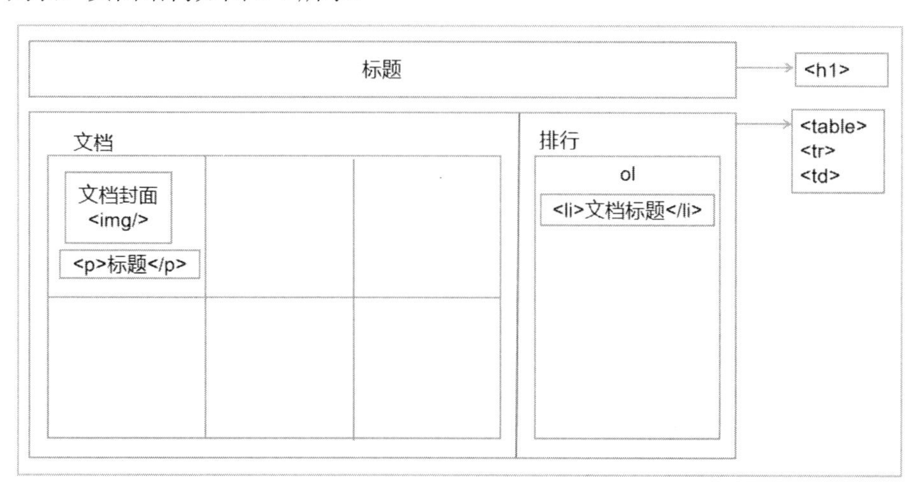

图 3-4

（2）文档详情页分为页头、正文和页脚 3 个部分，页头部分为封面图片和文档描述，正文部分包括文档标题和文档详情，页脚部分包括版权内容和返回顶部的链接，页面结构如图 3-5 所示。

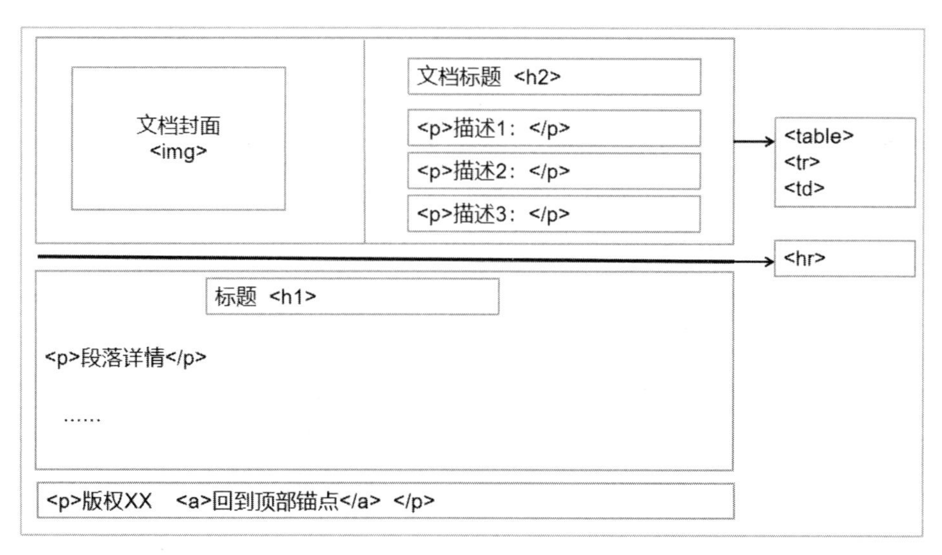

图 3-5

3.4　实验实施（跟我做）

3.4.1　步骤一：创建首页和文档详情页

（1）创建 Web 项目，项目名称为 library。

（2）创建首页文件 index.html 和文档详情页文件 info.html。library 项目的目录结构如图 3-6 所示。

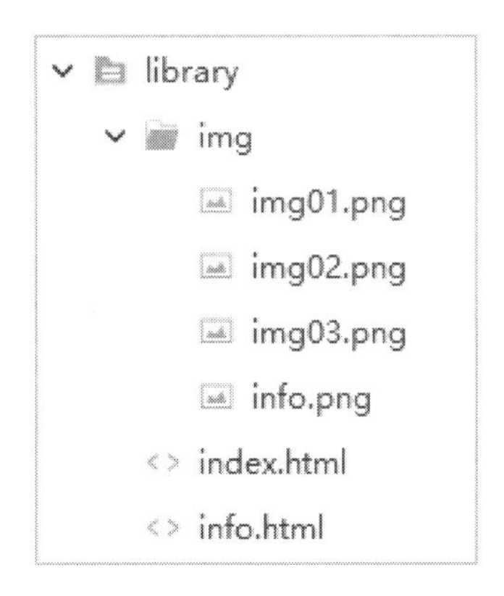

图 3-6

（3）将 index.html 文件的<title>标签中的内容修改为“文库网-首页”，添加网页标题。

（4）在 index.html 文件的<body>标签中新增一个<h1>标签，将该标签作为页面标题添加到网页中。

```
<!DOCTYPE html>
<html>
    <head>
      <meta charset="utf-8">
      <title>文库网-首页</title> <!--网页标题-->
    </head>
   <body>
     <h1>文库网</h1> <!--内容标题-->
   </body>
</html>
```

（5）上述代码的运行效果如图 3-7 所示。

图 3-7

3.4.2 步骤二：添加首页的内容

（1）在 index.html 文件的<body>标签中新增一个表格。

```
<body>
      <!--省略内容标题代码-->
      <!--主体部分-->
      <table border="1" cellpadding="5">
```

```
            <tr>
                <!--左侧的“文档”列表-->
                <td>
                    <h3>文档</h3>
                </td>
                <!--右侧的“排行”列表-->
                <td >
                    <h3>排行</h3>
                </td>
            </tr>
      </table>
</body>
```

（2）在表格的左侧单元格的<td>标签中再嵌套另一个表格。

```
<!--左侧文档内容-->
<td>
      <h3>文档</h3>
      <!--嵌套表格-->
      <table align="center">
            <!--第一行-->
            <tr>
                <!--第一列-->
                <td>
                    <img src="img/img01.png"/>
                    <p align="center"><a href="info.html">xxxxx 书籍一</a></p>
                </td>
                <!--第二列-->
                <td>
                    <img src="img/img02.png"/>
                    <p align="center"><a href="info.html">xxxxx 书籍二</a></p>
                </td>
                <!--第三列-->
                <td>
                    <img src="img/img03.png"/>
                    <p align="center"><a href="info.html">xxxxx 书籍三</a></p>
                </td>
            </tr>
      </table>
</td>
```

（3）将嵌套表格中第一行的代码复制到第二行。

```
<!--左侧文档内容-->
<td>
    <h3>文档</h3>
    <table>
            <!--第一行代码省略-->
```

```
            <!--第二行开始-->
            <tr>
                <td>
                <img src="img/img01.png"/>
                <p align="center"><a href="info.html">xxxxx 书籍四</a></p>
                </td>
                <td>
                <img src="img/img02.png"/>
                <p align="center"><a href="info.html">xxxxx 书籍五</a></p>
                </td>
                <td>
                    <img src="img/img03.png"/>
                <p align="center"><a href="info.html">xxxxx 书籍六</a></p>
                </td>
            </tr>
            <!--第二行结束-->
        </table>
    </td>
```

（4）在右侧单元格的<td>标签中插入有序列表，并使用 valign 属性设置单元格内容为顶部对齐。

```
    <!--主体部分-->
    <table border="1" cellpadding="5">
        <tr>
            <!--左侧文档内容-->
            <td> <!--左侧文档内容，代码省略--> </td>
            <!--右侧排行内容-->
            <td valign="top">
                <h3>排行</h3>
                <ol>
                    <li>xxxxx 书籍一</li>
                    <li>xxxxx 书籍二</li>
                    <li>xxxxx 书籍三</li>
                    <li>xxxxx 书籍四</li>
                    <li>xxxxx 书籍五</li>
                    <li>xxxxx 书籍六</li>
                    <li>xxxxx 书籍七</li>
                    <li>xxxxx 书籍八</li>
                    <li>xxxxx 书籍九</li>
                    <li>xxxxx 书籍十</li>
                </ol>
            </td>
        </tr>
    </table>
```

（5）网站首页最终的效果如图 3-8 所示。

图 3-8

3.4.3　步骤三：添加文档详情页的内容

（1）将 info.html 文件的<title>标签中的内容修改为“文库网-详情页”，添加网页标题。

（2）在 info.html 文件的<body>标签中插入表格，并添加页头。

```
<!DOCTYPE html>
<html>
   <head>
       <meta charset="UTF-8">
       <title>文库网</title>
   </head>
   <body>
       <!—页头部分的内容-->
       <table id="top"><!--设置全局属性 id 的属性值为 top，用来作为锚点进行跳转-->
               <tr>
                    <td><img src="img/info.png"/></td>
                    <td>
                          <h2>W3C 的 Web 标准工作</h2>
                          <p>W3C 标准</p>
                          <p>W3C 中国</p>
                          <p>文       档 13 篇</p>
                          <p>阅       读 530 次</p>
               </td>
               </tr>
       </table>
   </body>
</html>
```

（3）在页头下面插入文档详情内容。

```
<body>
        <!--页头的代码省略-->
        <!--正文内容-->
        <hr/> <!--水平线-->
        <h1> W3C 的 Web 标准工作 </h1>
        <p>W3C 通过设立领域（Domains）和标准计划（Activities）来组织 W3C 的标准活动。截至 2014 年 3 月，W3C 共设立 5 个技术领域，开展 23 个标准计划。这些主要的标准工作包括以下 7 类。</p>
        <h4>Web 设计及应用（Web Design and Applications）</h4>
        <p>
        Web 设计及应用包括构造和渲染 Web 页面所需的各类技术标准，如 HTML、CSS、SVG、AJAX 及其他用于构造 Web 应用（WebApps）的技术；这里也包括如何让 Web 页面及信息服务于残障人士、多语言环境下的国际化，以及让 Web 页面在移动设备上更好、更容易地获取相关技术。
        </p>
        <h4>Web 体系架构（Web Architecture）</h4>
        <p>Web 体系架构主要关注 Web 的基础技术和原则，包括 URIs 及 HTTP 协议等。 </p>
        <h4>语义 Web（Semantic Web） </h4>
        <p>传统的 Web 由文档组成，W3C 希望通过一组技术支撑“数据的 Web”，即 Web of Data，将 Web 看作一个存储和管理数据的大型分布式数据库。语义 Web 是构造这样的数据 Web 的重要一环，帮助人们创建数据并存储在 Web 上，创建相关的词汇表及数据的处理规则。具体的技术包括 RDF、SPARQL、OWL 及 SKOS 等。</p>
        <h4>可扩展标记语言（XML Technology） </h4>
        <p>可扩展标记语言（eXtensible Markup Language）是一种具有结构性标记的标记语言，可以用来标记数据、定义数据类型，是一种允许用户对自己的标记语言进行定义的语言。XML 的相关技术包括 XML、XML 名字空间（Namespace）、XML 大纲（Schema）、XSLT、高效 XML 数据交换（Efficient XML Interchange，EXI）及其他相关标准规范。 </p>
        <h4>服务的 Web（Web of Services）</h4>
        <p>Web 上及许多企业软件中，存在大量网络可访问的、基于消息的软件和服务。构造服务的 Web 需要一系列 Web 服务的技术和标准，包括 HTTP、XML、SOAP、WSDL、SPARQL 等。</p>
        <h4>面向各种访问设备的 Web（Web of Devices）</h4>
        <p>W3C 致力于让 Web 用户在任何时间、任何地点，通过任何设备都可以获取 Web 内容和服务，这些访问 Web 的设备既包括智能手机及其他移动终端，也包括任何适用 Web 技术的消费电子、打印机、交互式电视，以及各类集成到其他产品中的终端（如车载 Web 终端等）。</p>
        <h4>浏览器和开发工具（Browsers and Authoring Tools）</h4>
        <p>Web 的价值和成长依赖其全球性和普适性。我们需要确保无论用户在使用什么样的计算机、软件、语言、网络环境、传感和交互设备时，都能够获得同样的 Web 内容和体验。W3C 通过制定各类国际 Web 标准来确保这一目标得以实现。这些标准也使 Web 对所有人更加开放。</p>
        <br/><br/><br/><br/><br/><br/>
</body>
```

（4）在页脚部分插入版权内容和返回顶部的链接。

```
<!DOCTYPE html>
<html>
    <head>
            <meta charset="UTF-8">
            <title>文库网</title>
    </head>
    <body>
```

```
        <!--页头部分的代码省略-->
        <!--正文内容的代码省略-->
        <!--页脚部分-->
        <p>Copyright © xxxxxxx All Rights Reserved. <a href="#top">回到顶部
</a></p>
    </body>
</html>
```

（5）文档详情页最终的运行效果如图 3-9 所示。

W3C的Web标准工作

W3C标准

W3C中国

文 档 13篇

阅 读 530次

W3C的Web标准工作

W3C通过设立领域（Domains）和标准计划（Activities）来组织W3C的标准活动。截至2014年3月，W3C共设立5个技术领域，开展23个标准计划。这些主要的标准工作包括以下7类。

Web设计及应用（Web Design and Applications）

Web设计及应用包括构造和渲染Web页面所需的各类技术标准，如HTML、CSS、SVG、AJAX 及其他用于构造Web应用（WebApps）的技术；这里也包括如何让Web页面及信息服务于残障人士、多语言环境下的国际化，以及让 Web 页面在移动设备上更好、更容易地获取相关技术。

Web体系架构（Web Architecture）

Web体系架构主要关注Web的基础技术和原则，包括URIs及HTTP协议等。

语义Web（Semantic Web）

传统的Web由文档组成，W3C希望通过一组技术支撑"数据的Web"，即Web of Data，将Web看作一个存储和管理数据的大型分布式数据库。语义Web是构造这样的数据Web的重要一环，帮助人们创建数据并存储在Web上，创建相关的词汇表及数据的处理规则。具体的技术包括 RDF、SPARQL、OWL 及 SKOS 等。

可扩展标记语言（XML Technology）

可扩展标记语言（eXtensible Markup Language）是一种具有结构性标记的标记语言，可以用来标记数据、定义数据类型，是一种允许用户对自己的标记语言进行定义的语言。XML的相关技术包括XML、XML名字空间（Namespace）、XML大纲（Schema）、XSLT、高效XML数据交换（Efficient XML Interchange, EXI）及其他相关标准规范。

服务的Web（Web of Services）

Web上及许多企业软件中，存在大量网络可访问的、基于消息的软件和服务。构造服务的Web需要一系列Web服务的技术和标准，包括HTTP、XML、SOAP、WSDL、SPARQL等。

面向各种访问设备的Web（Web of Devices）

W3C致力于让Web用户在任何时间、任何地点，通过任何设备都可以获取Web内容和服务，这些访问Web的设备既包括智能手机及其他移动终端，也包括任何适用Web技术的消费电子、打印机、交互式电视，以及各类集成到其他产品中的终端（如车载Web终端等）。

浏览器和开发工具（Browsers and Authoring Tools）

Web的价值和成长依赖其全球性和普适性。我们需要确保无论用户在使用什么样的计算机、软件、语言、网络环境、传感和交互设备时，都能够获得同样的Web内容和体验。W3C通过制定各类国际Web标准来确保这一目标得以实现。这些标准也使Web对所有人更加开放。

Copyright © xxxxxxx All Rights Reserved. 回到顶部

图 3-9

第 4 章 HTML/HTML5：网址导航

4.1 实验目标

（1）能使用 HTML 文档声明标签、头部标签和主体标签等构建网页基本结构。

（2）能使用文本标签、图像、表格和表单等搭建静态网页。

（3）能使用超链接完成页面跳转。

（4）能使用 iframe 框架嵌入子窗口页面。

（5）综合应用 HTML 静态网页开发技术开发“网址导航”页面。

本章的知识地图如图 4-1 所示。

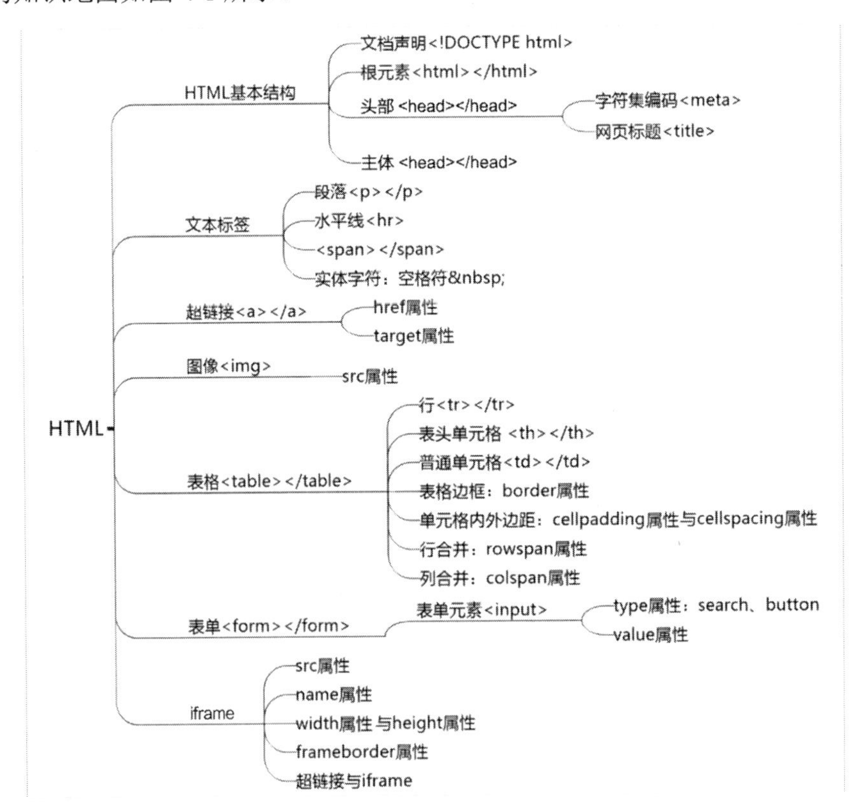

图 4-1

4.2 实验任务

制作“网址导航”页面，该页面由页头和正文两部分构成。

（1）页头分为两部分：上部分为网站 Logo 和搜索栏表单，下部分为大分类导航。

（2）正文部分为分类详情页的内容，分类详情页有两个，即 list.html 和 list2.html，分别显示“娱乐”和“游戏”的导航链接信息。

“网址导航”页面的效果如图 4-2 所示。

图 4-2

4.3 设计思路

（1）“网址导航”页面分为页头和正文两部分，页头部分是一个表单和一个大分类导航，正文部分为分类详情页（分类详情页通过 iframe 载入正文部分），页面结构如图 4-3 所示。

图 4-3

（2）分类详情页包含一个导航分类详情表格，表格的结构如图 4-4 所示。

分类列	**网址列**					
分类1	网址1	网址2	…			
分类2						
分类3						
					…	网址*N*

图 4-4

（3）使用超链接的 target 属性结合 iframe 的 name 属性，实现单击分类导航链接加载对应的分类详情页，如图 4-5 所示。

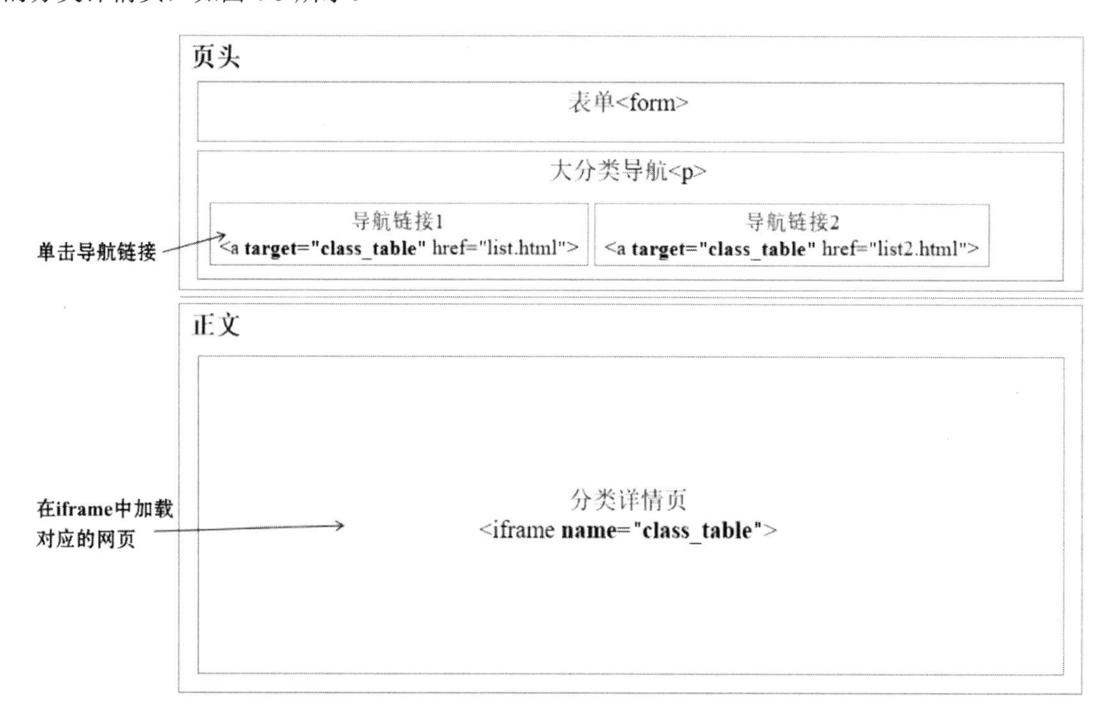

图 4-5

4.4 实验实施（跟我做）

4.4.1 步骤一：创建项目，搭建页面主体结构

（1）创建 Web 项目，项目名称为 web_navigation，并在项目中创建 index.html 文件、list.html 文件和 list2.html 文件。web_navigation 项目的目录结构如图 4-6 所示。

图 4-6

（2）编辑 index.html 文件，将<title>标签中的内容修改为“188 网址导航”，作为网站标题。在<body>标签中，通过<form>标签、<p>标签和<iframe>标签搭建页面主体结构。

```
<!DOCTYPE html>
<html>
   <head>
      <meta charset="utf-8"/>
      <title>188 网址导航</title>
   </head>
   <body>
      <!--页头的搜索框-->
      <form>
      </form>
      <!--大分类导航-->
      <p>
      </p>
      <!--水平分割线-->
      <hr />
      <!--分类详情框架-->
      <iframe></iframe>
   </body>
</html>
```

4.4.2 步骤二：添加 form 表单内容

编辑 index.html 文件，在<form>标签中添加内容。

（1）添加<img>标签，并使用 src 属性插入网站 Logo 的图片。

（2）添加<input>标签，并设置 type 属性的值为 search。

（3）添加<input>标签，并设置 type 属性的值为 button，value 属性的值为“搜索”。

```
<!--页头的搜索框-->
<form>
     <img src="img/logo.png"/> <!--网站 Logo 的图片-->
     <input type="search"/> <!--搜索框-->
     <input type="button" value="搜索"/> <!–“搜索”按钮-->
</form>
```

搜索框的显示效果如图 4-7 所示。

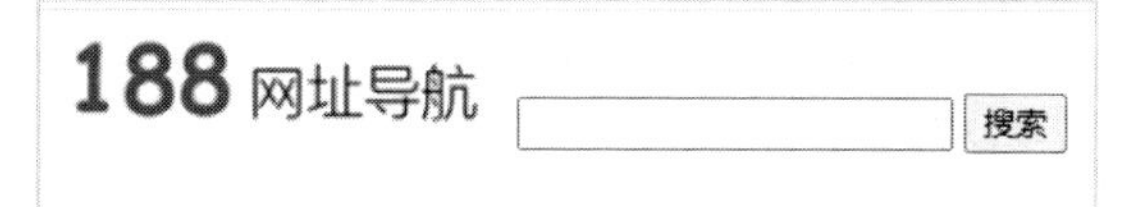

图 4-7

4.4.3 步骤三：创建大分类导航

（1）创建多个<span>标签作为分类导航，在<span>标签中使用空格符“ ”隔开，使元素之间有一定的间隙。

（2）在<span>标签中添加<a>标签并设置 href 属性，创建导航文字链接。

```
<!--大分类导航-->
<p>
    <span><a href="list.html">娱乐</a></span>
      |  
    <span><a href="list2.html">购物</a></span>
      |  
    <span><a href="#">游戏</a></span>
      |  
    <span><a href="#">教育</a></span>
</p>
```

大分类导航的显示效果如图 4-8 所示。

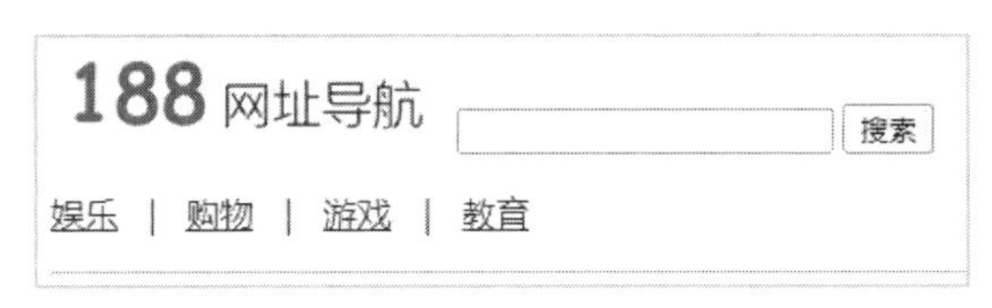

图 4-8

4.4.4 步骤四：制作分类详情页

创建表格，制作分类详情页 list.html 和 list2.html 两个子页面。

（1）打开 list.html 文件，通过表格的相关标签创建一个 7 行 7 列的导航分类详情表，并设置表格的 border 属性的值为 1，cellpadding 属性的值为 15，cellspacing 属性的值为 0。

```
<table border="1" cellpadding="15" cellspacing="0">
    <tr>
        <th>分类</th>
        <th>网址</th>
        <th>网址</th>
        <th>网址</th>
        <th>网址</th>
        <th>网址</th>
        <th>网址</th>
    </tr>
    <tr>
        <td>综艺</td>
        <td><a href="/" target="_blank">网址 1</a></td>
        <td><a href="/" target="_blank">网址 2</a></td>
        <td><a href="/" target="_blank">网址 3</a></td>
        <td><a href="/" target="_blank">网址 4</a></td>
        <td><a href="/" target="_blank">网址 5</a></td>
        <td><a href="/" target="_blank">网址 6</a></td>
    </tr>
    <tr>
        <td>综艺</td>
        <td><a href="/" target="_blank">网址 7</a></td>
        <td><a href="/" target="_blank">网址 8</a></td>
```

```
            <td><a href="/" target="_blank">网址 9</a></td>
            <td><a href="/" target="_blank">网址 10</a></td>
            <td><a href="/" target="_blank">网址 11</a></td>
            <td><a href="/" target="_blank">网址 12</a></td>
        </tr>
        <tr>
            <td>音乐</td>
            <td><a href="/" target="_blank">网址 13</a></td>
            <td><a href="/" target="_blank">网址 14</a></td>
            <td><a href="/" target="_blank">网址 15</a></td>
            <td><a href="/" target="_blank">网址 16</a></td>
            <td><a href="/" target="_blank">网址 17</a></td>
            <td><a href="/" target="_blank">网址 18</a></td>
        </tr>
        <tr>
            <td>音乐</td>
            <td><a href="/" target="_blank">网址 19</a></td>
            <td><a href="/" target="_blank">网址 20</a></td>
            <td><a href="/" target="_blank">网址 21</a></td>
            <td><a href="/" target="_blank">网址 22</a></td>
        </tr>
        <tr>
            <td>视频</td>
            <td><a href="/" target="_blank">网址 23</a></td>
            <td><a href="/" target="_blank">网址 24</a></td>
            <td><a href="/" target="_blank">网址 25</a></td>
            <td><a href="/" target="_blank">网址 26</a></td>
            <td><a href="/" target="_blank">网址 27</a></td>
            <td><a href="/" target="_blank">网址 28</a></td>
        </tr>
        <tr>
            <td>视频</td>
            <td><a href="/" target="_blank">网址 29</a></td>
            <td><a href="/" target="_blank">网址 30</a></td>
            <td><a href="/" target="_blank">网址 31</a></td>
        </tr>
    </table>
```

（2）导航分类详情表的显示效果如图 4-9 所示。

分类	网址	网址	网址	网址	网址	网址
综艺	网址1	网址2	网址3	网址4	网址5	网址6
综艺	网址7	网址8	网址9	网址10	网址11	网址12
音乐	网址13	网址14	网址15	网址16	网址17	网址18
音乐	网址19	网址20	网址21	网址22		
视频	网址23	网址24	网址25	网址26	网址27	网址28
视频	网址29	网址30	网址31			

图 4-9

（3）使用表格单元格的 colspan 属性合并表格中相同的列，使用表格单元格的 rowspan 属性合并表格中相同的行。

```
<table border="1" cellpadding="15" cellspacing="0">
   <tr>
      <th>分类</th>
      <!--使用 colspan 属性合并列，“网址”单元格共跨越 6 列-->
      <th colspan="6">网址</th>
      <!--在合并列时，使用 colspan 属性后应删除一行中多出的单元格-->
   </tr>
   <tr>
      <!--使用 rowspan 属性合并行，“综艺”单元格共跨越两行-->
      <td rowspan="2">综艺</td>
      <td><a href="/" target="_blank">网址 1</a></td>
      <td><a href="/" target="_blank">网址 2</a></td>
      <td><a href="/" target="_blank">网址 3</a></td>
      <td><a href="/" target="_blank">网址 4</a></td>
      <td><a href="/" target="_blank">网址 5</a></td>
      <td><a href="/" target="_blank">网址 6</a></td>
   </tr>
   <tr>
      <!--在合并行时，使用 rowspan 属性后应删除一行中多出的单元格-->
      <td><a href="/" target="_blank">网址 7</a></td>
      <td><a href="/" target="_blank">网址 8</a></td>
      <td><a href="/" target="_blank">网址 9</a></td>
      <td><a href="/" target="_blank">网址 10</a></td>
      <td><a href="/" target="_blank">网址 11</a></td>
      <td><a href="/" target="_blank">网址 12</a></td>
   </tr>
   <tr>
      <!--使用 rowspan 属性合并行，“音乐”单元格共跨越两行-->
      <td rowspan="2">音乐</td>
      <td><a href="/" target="_blank">网址 13</a></td>
      <td><a href="/" target="_blank">网址 14</a></td>
      <td><a href="/" target="_blank">网址 15</a></td>
      <td><a href="/" target="_blank">网址 16</a></td>
      <td><a href="/" target="_blank">网址 17</a></td>
      <td><a href="/" target="_blank">网址 18</a></td>
   </tr>
   <tr>
      <!--在合并行时，使用 rowspan 属性后应删除一行中多出的单元格-->
      <td><a href="/" target="_blank">网址 19</a></td>
      <td><a href="/" target="_blank">网址 20</a></td>
      <td><a href="/" target="_blank">网址 21</a></td>
      <!--使用 colspan 属性合并列，这个单元格共跨越 3 列-->
      <td colspan="3"><a href="/" target="_blank">网址 22</a></td>
   </tr>
```

```
  <tr>
      <!--使用 rowspan 属性合并行，“视频”单元格共跨越两行-->
      <td rowspan="2">视频</td>
      <td><a href="/" target="_blank">网址 23</a></td>
      <td><a href="/" target="_blank">网址 24</a></td>
      <td><a href="/" target="_blank">网址 25</a></td>
      <td><a href="/" target="_blank">网址 26</a></td>
      <td><a href="/" target="_blank">网址 27</a></td>
      <td><a href="/" target="_blank">网址 28</a></td>
  </tr>
  <tr>
      <!--在合并行时，使用 rowspan 属性后应删除一行中多出的单元格-->
      <td><a href="/" target="_blank">网址 29</a></td>
      <td><a href="/" target="_blank">网址 30</a></td>
      <!--使用 colspan 属性合并列，这个单元格共跨越 4 列-->
      <td colspan="4"><a href="/" target="_blank">网址 31</a></td>
  </tr>
</table>
```

（4）list.html 文件中的导航分类详情表最终的显示效果如图 4-10 所示。

分类	网址					
综艺	网址1	网址2	网址3	网址4	网址5	网址6
	网址7	网址8	网址9	网址10	网址11	网址12
音乐	网址13	网址14	网址15	网址16	网址17	网址18
	网址19	网址20	网址21	网址22		
视频	网址23	网址24	网址25	网址26	网址27	网址28
	网址29	网址30	网址31			

图 4-10

（5）制作“购物”板块的导航分类详情表（list2.html）。按照上述方式编写即可，因为 list2.html 文件的结构和内容与 list.html 文件的结构和内容相似，所以此处省略 list2.html 文件具体的创建过程。

4.4.5 步骤五：使用 iframe 加载分类详情页

（1）分类详情页是一个单独的文件，在 index.html 文件中设置<iframe>标签的 src 属性，可以将分类详情页加载到正文部分。

```
<!--分类详情框架-->
<iframe src="list.html"></iframe>
```

（2）使用<iframe>标签的相关属性美化 iframe 框架在页面中的显示效果，如图 4-11 所示。

```
<!--分类详情框架-->
<!--设置框架不显示边框，宽度为 1000 像素，高度为 600 像素，框架中默认载入分类详情页 list.html-->
<iframe src="list.html" frameborder="0" width="1000" height="600"></iframe>
```

188 网址导航 搜索

娱乐 | 购物 | 游戏 | 教育

分类	网址					
综艺	网址1	网址2	网址3	网址4	网址5	网址6
	网址7	网址8	网址9	网址10	网址11	网址12
音乐	网址13	网址14	网址15	网址16	网址17	网址18
	网址19	网址20	网址21	网址22		
视频	网址23	网址24	网址25	网址26	网址27	网址28
	网址29	网址30	网址31			

图 4-11

(3)设置大分类导航中<a>标签的 target 属性和<iframe>标签的 name 属性的值为 class_table，实现单击超链接时在 iframe 中打开对应链接的页面，如图 4-12 所示。

```
<body>
    <!--省略页头搜索框的代码-->
      <!--大分类导航-->
      <p>
            <!--在指定的框架中打开被链接文档-->
            <span><a href="list.html" target="class_table">娱乐</a></span>
              |  
            <span><a href="list2.html" target="class_table">购物</a></span>
              |  
            <span><a href="#">游戏</a></span>
              |  
            <span><a href="#">教育</a></span>
      </p>
      <!--水平分割线-->
      <hr/>
      <!--分类详情框架-->
      <!--设置框架不显示边框，宽度为 1000 像素，高度为 600 像素，框架中默认载入 list.html
文件-->
      <iframe name="class_table" src="list.html" frameborder="0" width="1000"
height="600"></iframe>
</body>
```

188 网址导航 搜索

娱乐 | 购物 | 游戏 | 教育

单击

加载 list2.html 文件

分类	网址					
书籍	网址1	网址2	网址3	网址4	网址5	网址6
	网址7	网址8	网址9	网址10	网址11	网址12
数码产品	网址13	网址14	网址15	网址16	网址17	网址18
	网址19	网址20	网址21	网址22	网址23	
生活用品	网址24	网址25	网址26	网址27	网址28	网址29
	网址30	网址31	网址32			

图 4-12

第5章 HTML/HTML5：影评网

5.1 实验目标

（1）掌握移动端页面结构和 HTML5 语义化标签。
（2）理解 HTML5 新增全局属性和页面增强标签。
（3）理解 HTML5 表单标签及其属性。
（4）了解多媒体标签的使用方法，如<audio>标签。
（5）综合应用 HTML5 制作移动端静态网页技术开发影评网。
本章的知识地图如图 5-1 所示。

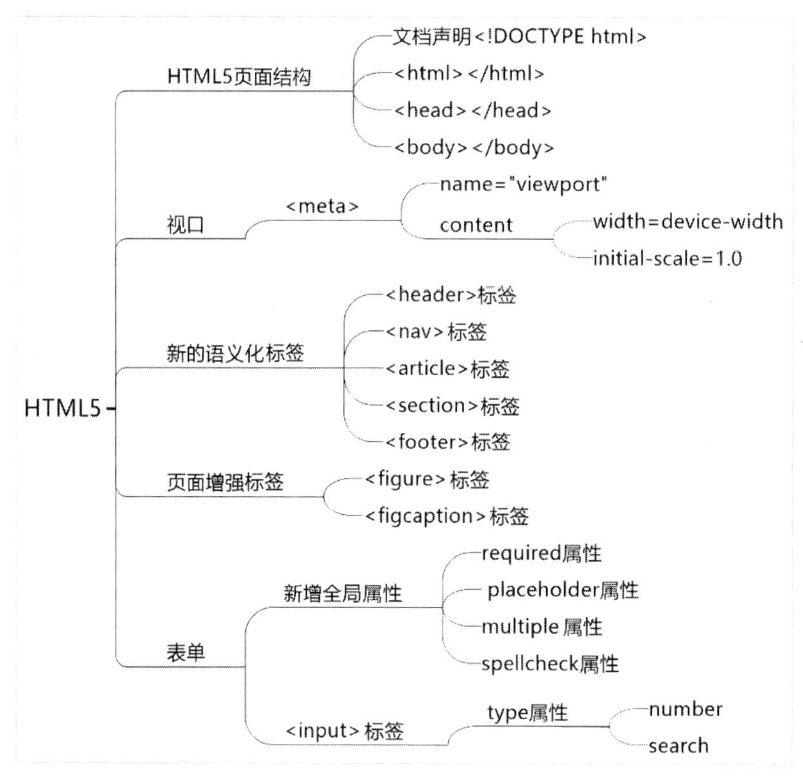

图 5-1

5.2　实验任务

影评网是一个对电影进行评论的论坛网站。本章主要完成影评网首页和提交评论页面的创建。

（1）影评网首页的页头是网站 Logo、搜索栏和分类导航栏，正文部分是“热门电影”列表和“电影排行”列表。“热门电影”列表中包含电影封面图片、电影名称、上映时间和“我要点评”按钮，“电影排行”列表中展示的是排行前五名的影片名称和评分。影评网首页的页面效果如图 5-2 所示。

（2）提交评论页面是一个表单页面。表单用于提交电影评论信息，点击“我要点评”按钮可以进入提交评论页面，页面效果如图 5-3 所示。

图 5-2

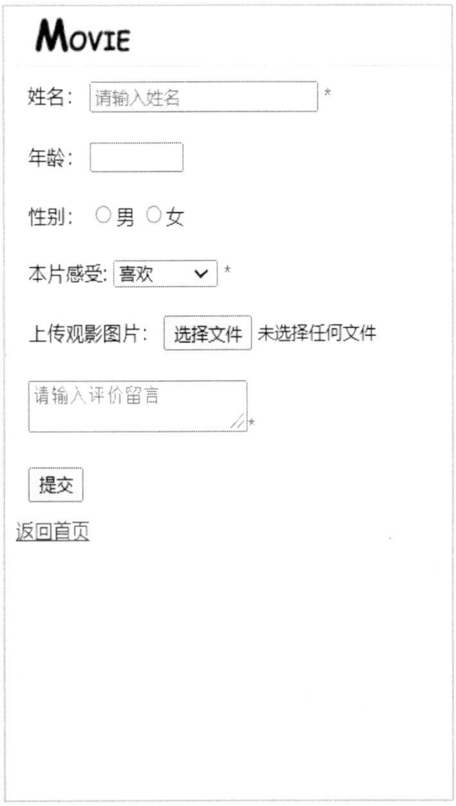

图 5-3

5.3　设计思路

（1）影评网首页的基础结构如图 5-4 所示，从上到下包括搜索栏、导航栏、正文（“热门电影”列表与“电影排行”列表）和底部版权 4 个部分。

（2）适配移动端视口，通过文档结构化标签搭建页面主体结构，页面使用的标签如图 5-5 所示。

<heard>
<img> <input type="search"> <input type="button">
<nav> <a> <a> <a> <a>
<article>
<section>热门电影
<section>电影排行
<footer>版权

图 5-4

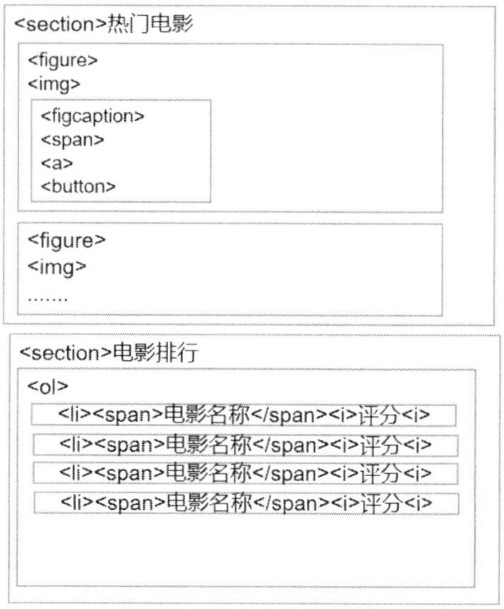

<section>热门电影
<figure>
<img>
<figcaption>
<span>
<a>
<button>
<figure>
<img>
....
<section>电影排行
<ol>
<li><span>电影名称</span><i>评分<i>
<li><span>电影名称</span><i>评分<i>
<li><span>电影名称</span><i>评分<i>
<li><span>电影名称</span><i>评分<i>

图 5-5

（3）提交评论页面包括页头和提交信息表单两部分，如图 5-6 所示。

图 5-6

5.4 实验实施（跟我做）

5.4.1 步骤一：适配移动端视口

（1）创建一个 Web 项目，项目名称为 comment_net。创建网站首页文件 index.html 和提交评论页面文件 review.html。comment_net 项目的目录结构如图 5-7 所示。

图 5-7

（2）编辑 index.html 文件，创建页面基本结构，将网页标题修改为“影评网”，在<head>标签中添加一个视口标签，让网页的宽度自动适应手机屏幕的宽度。

```
<!DOCTYPE html>
<html>
<head>
    <meta charset="utf-8">
    <!--width=device-width 表示当前窗口宽度等于 100%，initial-scale=1 表示缩放级别为 1-->
    <meta name="viewport" content="width=device-width,initial-scale=1"/>
    <title>影评网</title>
</head>
<body>
</body>
</html>
```

5.4.2　步骤二：搭建页面主体结构

使用 HTML5 的结构标签搭建页面主体结构。

```
<!DOCTYPE html>
<html>
<head>
</head>
<body>
    <header></header><!--头部标签-->
    <nav></nav><!--导航栏-->
    <!--页面正文内容标签-->
    <article >
            <h4>热门电影</h4>
        <section></section><!--影片列表-->
            <h4>电影排行</h4>
        <section></section><!--排行列表-->
    </article>
    <footer></footer><!--页脚标签-->
</body>
</html>
```

5.4.3　步骤三：创建影评网首页的页头

（1）在<header>标签中添加<form>表单内容，通过<form>标签创建页头的搜索栏，包含网站 Logo、文本框、“搜索”按钮，如图 5-8 所示。

图 5-8

（2）在<input>标签中使用 HTML5 新增表单属性 spellcheck 对用户输入的文本内容进行拼写和语法检查，使用<form>标签自带属性 placeholder 设置文本框中的提示信息。

```
<header>
   <form>
     <img src="img/logo.png"/> <!--网站 Logo-->
     <input type="search" spellcheck="true" placeholder="请输入关键字">
     <button type="submit">搜索</button>
   </form>
</header>
```

（3）添加<nav>标签，创建一个导航栏，使用<a>标签作为导航项，使用 align 属性设置导航内容居中对齐。

```
<!--导航开始-->
<nav align="center">
     <a href="/">首页</a>
     <a href="/">电影</a>
     <a href="/">影院</a>
     <a href="/">榜单</a>
</nav>
```

导航栏的显示效果如图 5-9 所示。

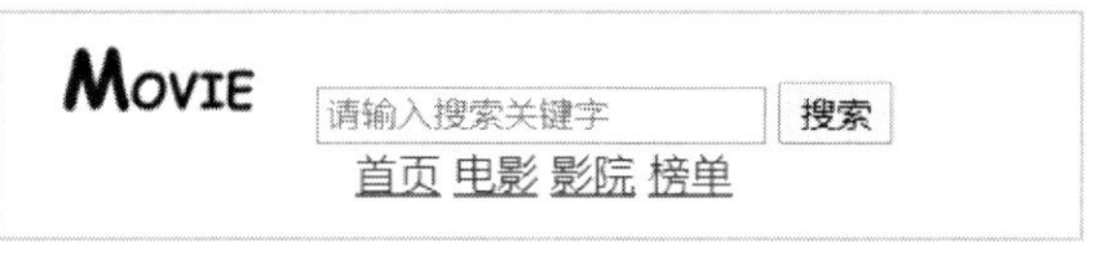

图 5-9

5.4.4　步骤四：创建影评网首页的正文部分

（1）创建正文部分的“热门电影”列表。

- 在<h4>标签之后插入<section>标签，在<section>标签中插入 3 对<figure>标签，用于展示电影封面图片、电影名称、上映时间和“我要点评”按钮等信息。<figure>标签规定了独立的流内容（如图表、照片和代码等），<figcaption> 标签被用作<figure>标签定义标题。
- 设置电影封面图片的显示宽度为 40%。
- 使用 style 属性并把其值设置为 display: inline-block;，使<figcaption>标签与图片显示为一行。

```
<h4>热门电影</h4>
<section>
  <figure>
     <img src="img/f01.png" width="40%"/>
     <figcaption style="display: inline-block;">
             影片一
             <br/>
             <a href="review.html">
             <button>我要点评</button>
```

```
                </a>
                <br/>2018-07-05 上映
            </figcaption>
        </figure>
        <figure>
            <img src="img/f02.png" width="40%" />
            <figcaption style="display: inline-block;">
                影片二
                <br/>
                <a href="review.html">
                <button>我要点评</button>
                </a>
                <br/>1994-09-10 上映
            </figcaption>
        </figure>
        <figure>
            <img src="img/f03.png" width="40%" />
            <figcaption style="display: inline-block;">
              影片三
                <br/>
                <a href="review.html">
                <button>我要点评</button>
                </a>
                <br/>1993-07-26 上映
            </figcaption>
        </figure>
</section>
```

“热门电影”列表的显示效果如图 5-10 所示。

图 5-10

（2）创建正文部分的“电影排行”列表。

在<section>标签中添加<ol>标签列表，列表中包含电影名称和电影评分。

```
<h4>电影排行</h4>
<section>
   <ol>
      <li><span>影片一</span> <i>9.5</i></li>
```

```
        <li><span>影片二</span> <i>9.4</i></li>
        <li><span>大型纪录片</span> <i>9.3</i></li>
        <li><span>3Dmax 影片</span> <i>9.2</i></li>
        <li><span>影片三</span> <i>9.1</i></li>
    </ol>
</section>
```

“电影排行”列表的显示效果如图 5-11 所示。

电影排行

1. 影片一 *9.5*
2. 影片二 *9.4*
3. 大型纪录片 *9.3*
4. 3Dmax影片 *9.2*
5. 影片三 *9.1*

图 5-11

5.4.5 步骤五：创建影评网首页的页脚

使用<footer>标签设置页脚。

```
<footer align="center">
    <p>版权所有 xxx 电影影评网</p>
</footer>
```

页脚的显示效果如图 5-12 所示。

版权所有xxx电影影评网

图 5-12

5.4.6 步骤六：创建提交评论页面

（1）打开提交评论页面文件 review.html（点击如图 5-10 所示的页面中的“我要点评”按钮可以进入此页面），将网页标题修改为“我要点评”。

（2）在<head>标签中添加一个视口标签，使网页的宽度自动适应手机屏幕的宽度。

（3）使用<header>标签创建提交评论页面的页头。

（4）使用表单元素 form、input、select 和 textarea 让用户提交表单信息。

（5）使用<label>标签显示表单对应的信息。

（6）使用<input>标签中的 number 类型输入用户年龄，使用 radio 类型选择用户性别。

（7）使用<input>标签中的 file 类型上传观影图片，并且添加以下属性。

- 设置上传图片的格式为.gif 和.jpg：accept="image/gif,image/jpeg"。
- 设置可以选择多个文件 multiple="multiple"。

```
<!DOCTYPE html>
<html>
   <head>
      <meta charset="UTF-8">
      <meta name="viewport" content="width=device-width,initial-scale=1"/>
      <title>我要点评</title>
   </head>
   <body>
      <header>
```

```
            <img src="img/logo.png"/>
        </header>
        <hr/>
        <article>
            <form action="#" method="get">
                <section>
                    <label for="name">姓名：</label>
                    <input id="name" type="text" required spellcheck="true"
placeholder="请输入姓名">
                    <span style="color: red;">*</span>
                </section>
                <br/>
                <section>
                    <label for="age">年龄：</label>
                    <input   id="age"   type="number"   min="18"   max="100"
required spellcheck="true">
                </section>
                <br/>
                <section>
                    <label for="sex">性别：</label>
                    <input name="sex" type="radio" value="男"/>男
                    <input name="sex" type="radio" value="女"/>女
                </section>
                <br/>
                <section>
                    <label for="feel">本片感受:</label>
                    <select>
                        <option value ="1">喜欢</option>
                        <option value ="2">一般</option>
                        <option value ="3">非常好看</option>
                     </select>
                   <span style="color: red;">*</span>
                </section>
                <br/>
                <section>
                    <label for="upload">上传观影图片：</label>
                    <input type="file" multiple="multiple" style="width:180px;"
accept="image/gif,image/jpeg">
                </section>
                <br/>
                <section>
                    <textarea placeholder="请输入评价留言"></textarea>
                    <span style="color: red;">*</span>
                </section>
                <br/>
                <section>
                    <input type="submit" value="提交"/>
                </section>
            </form>
            <br/>
            <a href="index.html">返回首页</a>
        </article>
```

```
    </body>
</html>
```

提交评论页面的显示效果如图 5-13 所示。

图 5-13

第 6 章 HTML/HTML5：音乐网站

6.1 实验目标

（1）熟悉 HTML5 新增全局属性、页面增强标签和多媒体标签的使用方法。

（2）综合应用 HTML5 美化移动端静态网页技术开发音乐网站。

本章的知识地图如图 6-1 所示。

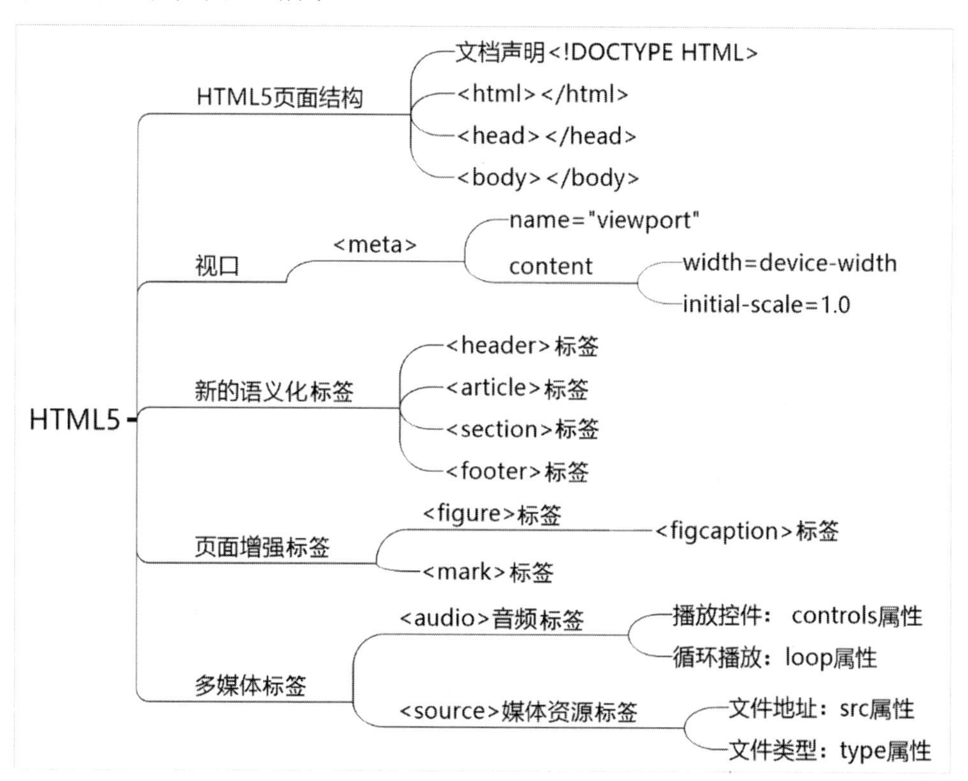

图 6-1

6.2 实验任务

制作音乐网站页面，该页面的功能主要包括以下几点。

（1）页面包括 3 个部分，页头显示网站标题，正文部分显示封面专题信息和音乐播放列表，页脚显示音乐播放器。

（2）页面可以播放音频，可以控制音频的播放进度和音量，也可以暂停音频。页面效果如图 6-2 所示。

图 6-2

6.3 设计思路

（1）使用 HTML5 的结构化标签将页面分成 3 个部分，如图 6-3 所示。

- 页头：<header>。
- 正文：<article>。
- 页脚：<footer>。

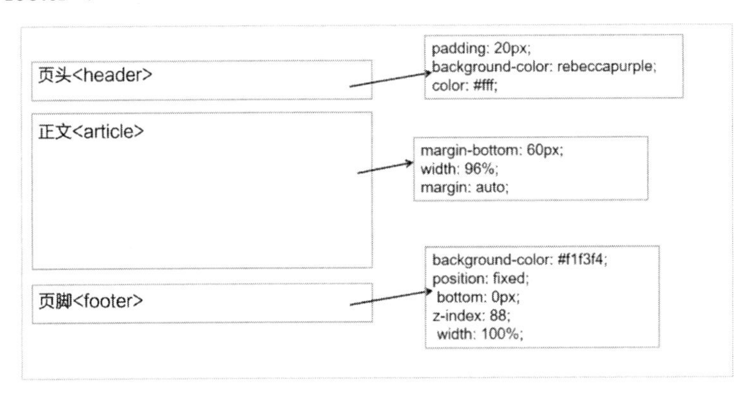

图 6-3

（2）用<section>标签将正文部分划分为两段：第一段为封面专题区，第二段为音乐列表区，如图 6-4 所示。

- 封面专题区：左侧为专辑图片，右侧为歌手、专辑名称和专辑描述。
- 音乐列表区：左侧为图片，右侧为歌曲名称、歌手和播放时长。

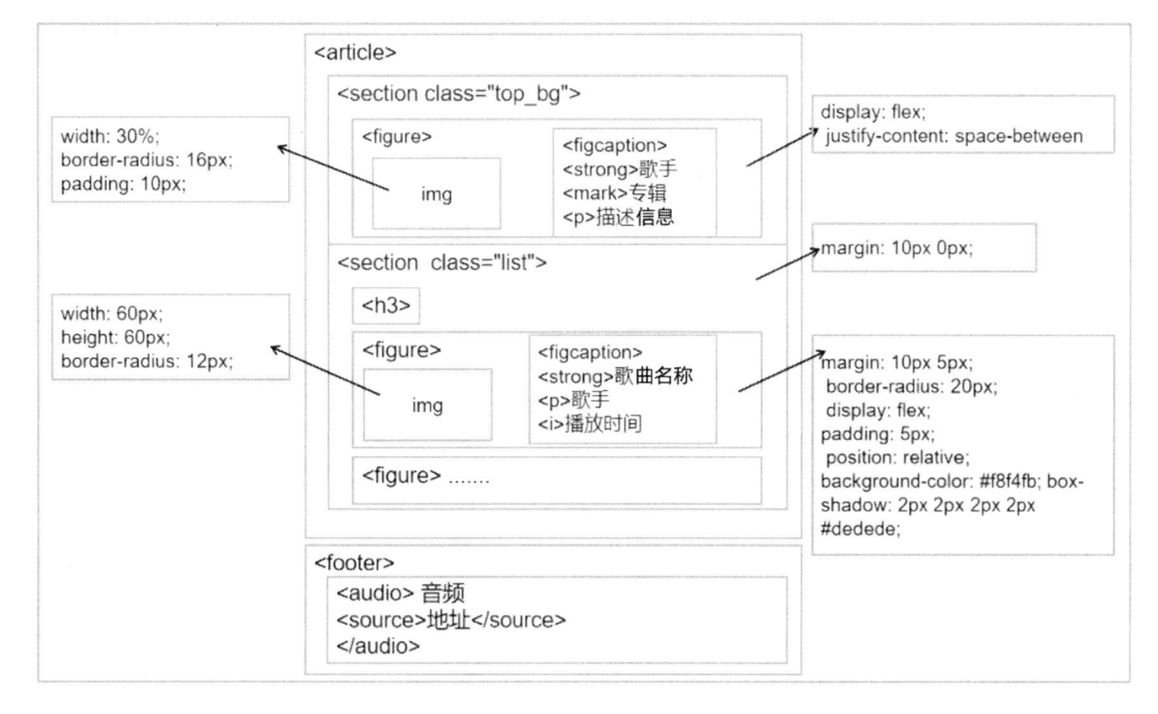

图 6-4

（3）页脚显示音乐播放器。

6.4 实验实施（跟我做）

6.4.1 步骤一：创建项目，搭建页面主体结构

（1）创建一个 Web 项目，项目名称为 music。创建网站首页文件 index.html。music 项目的目录结构如图 6-5 所示。

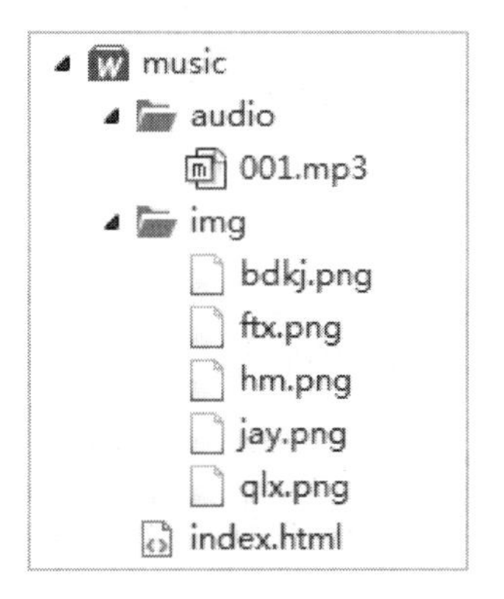

图 6-5

（2）编辑 index.html 文件，将网页标题修改为“音乐网”。在<head>标签中添加一个视口标签，使网页的宽度可以自动适应手机屏幕的宽度。用<header>标签定义页头，用<article>标签定义正文部分，用<section>标签定义各段落，用<footer>标签定义页脚。

```
<!DOCTYPE html>
<html>
<head>
    <meta charset="utf-8"/>
    <meta name='viewport'content='width=device-width, initial-scale=1.0'>
    <title>音乐网</title>
</head>
<body>
    <header>音乐网</header><!--定义页头-->
    <article><!--定义正文部分-->
        <section></section><!--定义第一段-->
        <section></section><!--定义第二段-->
    </article>
    <footer></footer><!--定义页脚-->
</body>
</html>
```

（3）设置 CSS 样式。

- 在<head>标签中添加<style>标签，并使用<style>标签引入内部样式表。

```
/*设置 body 中的元素居中显示*/
<!DOCTYPE html>
<html>
   <head>
       <meta charset="utf-8"/>
       <meta name="viewport" content="width=device-width, initial-scale=1,
user-scalable=no"/>
       <title>音乐网</title>
       <style>
       </style>
       </head>
```

- 编写页面全局样式，初始化元素的样式，设置页头、正文部分和页脚的样式。

```
<style>
/*全局样式*/
*{ margin: 0; padding: 0; } /*清除默认的内边距和外边距*/
img{ width: 100%; }           /*设置图片默认大小占父元素宽度的100%*/
/*页头的样式*/
header{ padding: 20px; background-color: rebeccapurple; color: #fff; }
/*正文部分的样式*/
article{ margin-bottom: 60px;width: 96%; margin: auto; }
/*页脚的样式*/
footer{ background-color: #f1f3f4; position: fixed; bottom: 0px; z-index:
88; width: 100%; }
</style>
```

6.4.2 步骤二：创建正文部分

（1）添加第一段，用来显示音乐专辑的封面。

- 为<section>标签设置全局属性 class，其值为 top_bg。
- 在<section>标签中添加<figure>标签并插入图片。

- 在图片后面插入<figcaption>标签，并在该标签中插入标题、副标题和文字描述。这里的标题使用<strong>页面增强标签突出，副标题使用<mark>标签，文字描述使用<small>标签。

```
<article>
   <!--封面专题-->
   <section class="top_bg">
      <figure>
         <img src="img/qlx.png"/>
         <figcaption>
            <strong>歌手：xxxx</strong><br/>
            <mark>专辑：xxx 专辑</mark> <br/>
            <small>《xxx》歌曲是由 xxx 作词、xxx 制作并演唱的，发行于 xxxx 年 8 月。
xxx 专辑的曲目包括《歌曲一》、《歌曲二》和《歌曲三》等。</small>
         </figcaption>
      </figure>
   </section>
</article>
```

- 添加 CSS 样式，设置<figure>标签为弹性盒子布局，封面图片和文本显示为左右结构。

```
/*设置 padding 值*/
.top_bg figure{display: flex; justify-content: space-between}
.top_bg figcaption{padding: 5px;}
.top_bg figure img{width: 30%; border-radius: 16px; padding: 10px;}
```

（2）添加第二段，用于显示音乐播放列表。

- 为<section>标签设置全局属性 class，其值为 list。
- 在<section>标签中添加<figure>标签并插入图片。
- 在图片后面插入<figcaption>标签，并在该标签中添加歌曲名称、歌手和播放时间等信息。

```
<!--音乐列表-->
<section class="list">
   <h3>播放列表</h3>
   <figure>
      <img src="img/bdkj.png"/>
      <figcaption>
         <strong>歌曲一</strong>
         <p>歌手 xxx</p>
         <i>03:45</i>
      </figcaption>
   </figure>
   <figure>
      <img src="img/ftx.png"/>
      <figcaption>
         <strong>歌曲二</strong>
         <p>歌手 xxx</p>
         <i>04:45</i>
      </figcaption>
   </figure>
   <figure>
      <img src="img/hm.png"/>
      <figcaption>
         <strong>歌曲三</strong>
```

```
                <p>歌手 xxx</p>
                <i>04:45</i>
            </figcaption>
        </figure>
        <figure>
            <img src="img/jay.png"/>
            <figcaption>
                <strong>歌曲四</strong>
                <p>歌手 xxx</p>
                <i>04:45</i>
            </figcaption>
        </figure>
</section>
```

- 设置 CSS 样式。
  - 将<figure>标签设置为弹性布局，元素为 20 像素的圆角边框，边框阴影色为#dedede，背景色为#f8f4fb，左、右外边距为 10 像素，上、下外边距为 5 像素，内边距为 5 像素。
  - 设置播放时间元素标签<i>为绝对定位，右偏移 10 像素，上偏移 30 像素。

```
/*歌曲列表样式*/
.list{margin: 10px 0px;}
.list figure{
        margin: 10px 5px;
        border-radius:20px; display: flex;
        padding: 5px; position: relative;background-color: #f8f4fb;
        box-shadow: 2px 2px 2px 2px #dedede;
}
.list figcaption{padding: 5px 15px;}
.list figure img{width: 60px;height: 60px; border-radius: 12px;}
.list figure i{position: absolute; right: 10px; top:30px}
```

页面效果如图 6-6 所示。

图 6-6

6.4.3　步骤三：搭建页脚

（1）添加音频内容。

- 在<footer>标签中插入<audio>标签，添加的 controls 属性用于显示音频控件，loop 属性用于设置音频结束时重新开始播放。目前，<audio>标签支持的 3 种文件格式为.mp3、.wav 和.ogg。
- 在<audio>标签中插入<source>标签，使用 src 属性引入音频路径（使用<source>标签可以引入多个不同类型的音频文件）。

```
<footer>
   <audio width="100%" controls loop> <!—插入<audio>标签-->
      <source src="audio/001.mp3" type="audio/mp3"></source>
   </audio>
</footer>
```

（2）运行效果如图 6-7 所示。

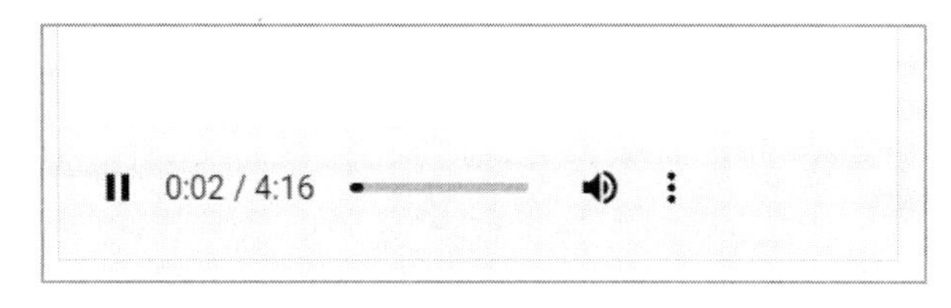

图 6-7

第7章 HTML/HTML5+CSS/CSS3：招聘网站

7.1 实验目标

（1）能使用 CSS 选择器获取网页元素。
（2）能使用 CSS 单位、字体样式、文本样式、颜色和背景等美化页面样式。
（3）能使用 CSS 盒模型、区块、浮动和定位等设计网页布局。
（4）综合应用 CSS 网页设计技术开发招聘网站。
本章的知识地图如图 7-1 所示。

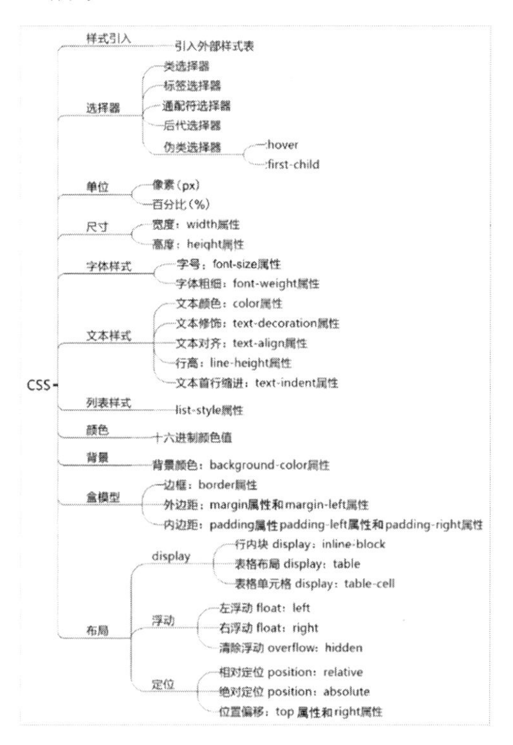

图 7-1

7.2 实验任务

制作招聘网站的页面，该页面包括页头、正文和页脚 3 个部分。

（1）页头：包括企业 Logo 和分类导航链接。

（2）正文：包括 Banner 大图，以及公司简介、招聘职位和招聘流程 3 个板块。

（3）页脚：版权声明信息。

页面最终的显示效果如图 7-2 所示。

图 7-2

7.3 设计思路

（1）页面的基本结构如图 7-3 所示，包括页头、正文和页脚 3 个部分，正文部分又包括公司简介、招聘职位和招聘流程 3 个板块。

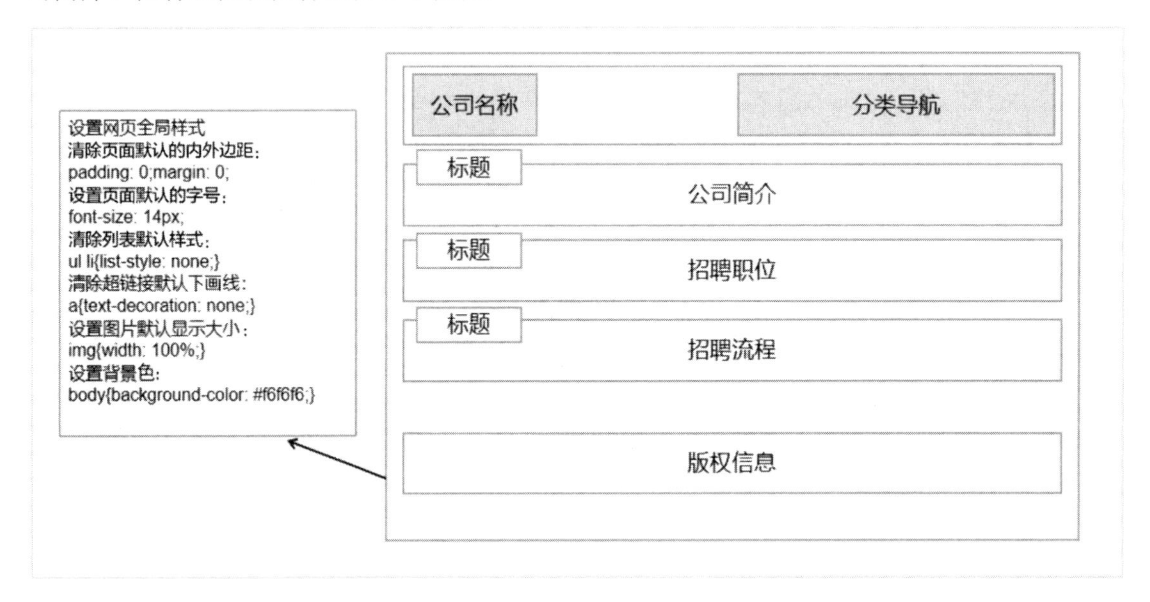

图 7-3

（2）页头的详细结构如图 7-4 所示。

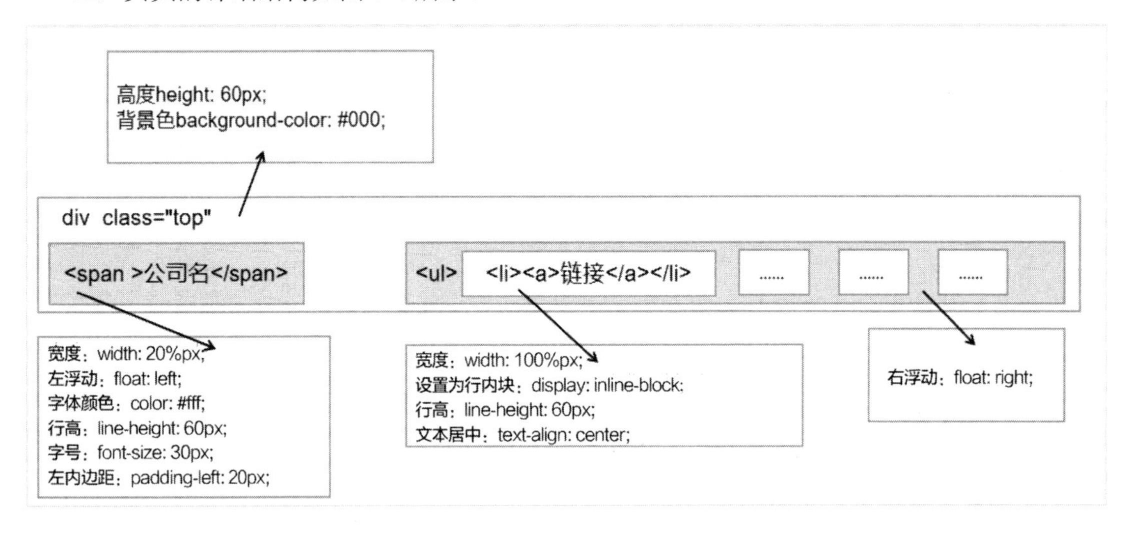

图 7-4

（3）正文部分的详细结构。

- 正文部分公用的结构如图 7-5 所示。

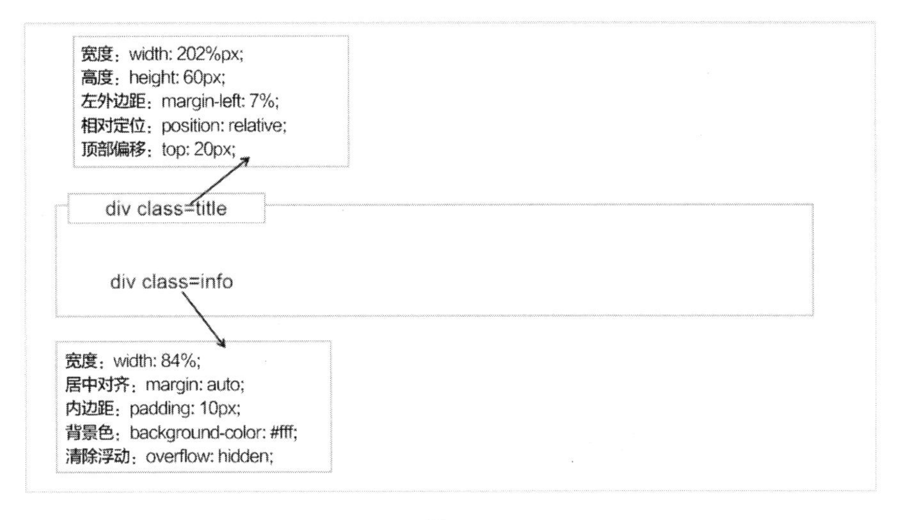

图 7-5

- 公司简介板块的结构如图 7-6 所示，包括公司介绍的文字信息和图片。

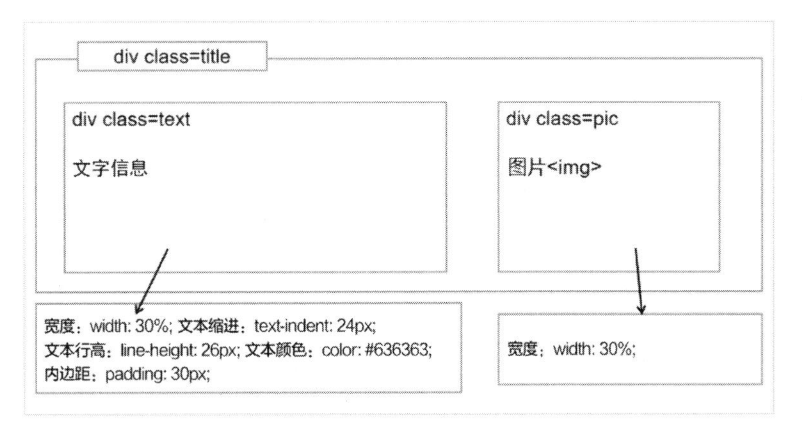

图 7-6

- 招聘职位板块的结构如图 7-7 所示。

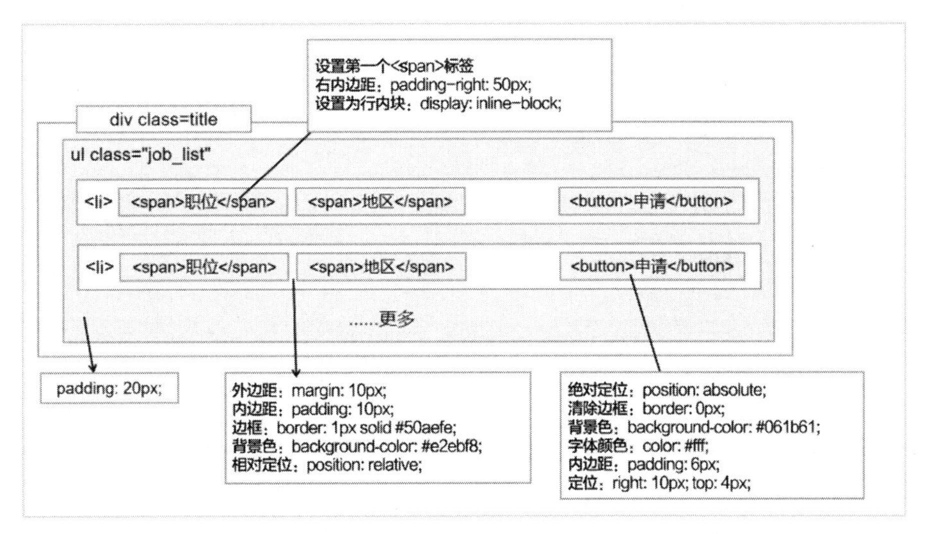

图 7-7

- 招聘流程板块的结构如图 7-8 所示。

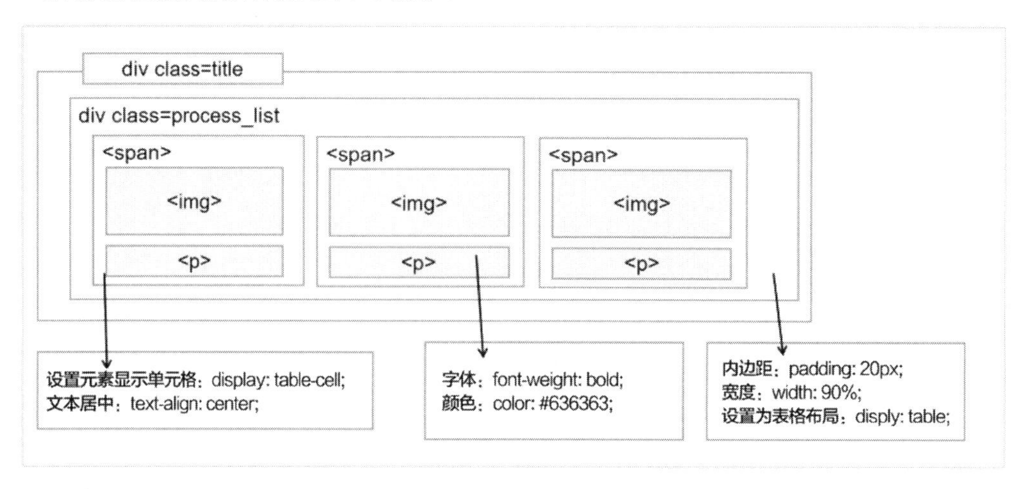

图 7-8

（4）页脚的结构如图 7-9 所示。

图 7-9

7.4 实验实施（跟我做）

7.4.1 步骤一：创建项目

（1）新建 Web 项目，项目名称为 job。

（2）编辑 index.html 文件，在<title>标签中添加网页标题。

```
<!DOCTYPE html>
<html>
    <head>
        <meta charset="utf-8">
        <title>XXX 公司招聘网</title>
    </head>
    <body>
    </body>
</html>
```

（3）在项目的 css 文件夹中新建 style.css 文件，并作为样式表。job 项目的目录结构如图 7-10 所示。

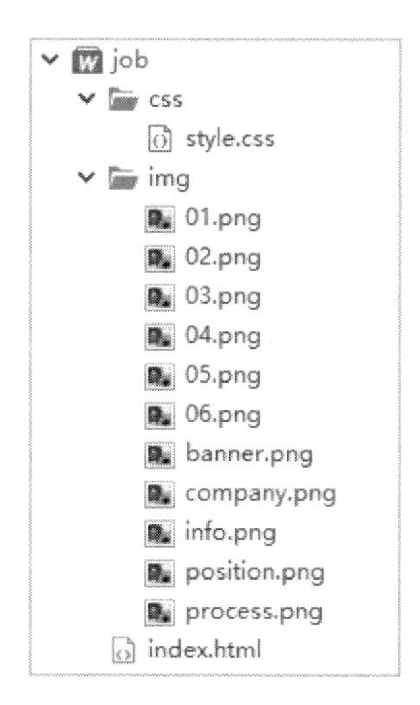

图 7-10

7.4.2　步骤二：链接外部样式文件

（1）在 index.html 文件的<head>标签中，使用<link>标签引入外部样式文件 style.css。

```
<head>
    <meta charset="utf-8">
    <title>XXX 公司招聘网</title>
    <link rel="stylesheet" href="css/style.css"/>
</head>
```

（2）编辑 style.css 文件，设置网页全局样式。

- 清除网页中所有元素默认的内边距和外边距。
- 设置网页默认的字号为 14 像素。
- 设置网页的背景色为#f6f6f6。
- 清除列表的默认样式。
- 清除超链接默认的下画线。
- 设置图片默认显示大小为 100%。

```
/*全局样式*/
*{padding: 0; margin: 0; font-size: 14px;}
body{background-color: #f6f6f6;}
ul{list-style: none;}
a{text-decoration: none;}
img{width: 100%;}
```

7.4.3　步骤三：搭建导航栏

（1）在 index.html 文件的<body>标签中，使用<div>标签、<span>标签和<ul>标签搭建导航栏。

```
<!--导航栏最外层-->
<div>
        <!--公司名或 Logo-->
        <span> xxx 有限公司</span>
        <!--分类导航-->
        <ul>
```

```
            <li>公司简介</li>
            <li>招聘职位</li>
            <li>招聘流程</li>
            <li>联系我们</li>
        </ul>
</div>
```

（2）为需要设置独立样式的标签添加类名。

（3）在分类导航中添加锚点超链接，单击链接可以跳转到指定锚点。

```
<!--导航栏最外层-->
<div class="top">
        <!--公司名或 Logo-->
        <span class="logo"> xxx 有限公司</span>
        <!--分类导航-->
        <ul class="nav">
            <li><a href="#info">公司简介</a></li>       <!—单击跳转至公司简介-->
            <li><a href="#job">招聘职位</a></li>        <!—单击跳转至招聘职位-->
            <li><a href="#process">招聘流程</a></li> <!—单击跳转至招聘流程-->
            <li><a href="#">联系我们</a></li>
        </ul>
</div>
```

（4）编辑 style.css 文件，设置导航栏的样式。

- 用类选择器选中导航栏，并设置导航栏的高度和背景色。

```
/*设置导航栏的高度和背景色*/
.top{height: 60px; background-color: #000;}
```

- 设置公司名或 Logo 的文字颜色为白色、字号为 30 像素，设置行高为 60 像素，并且垂直居中显示。
- 设置公司名或 Logo 为左浮动，元素宽度为 20%，左外边距为 20 像素。

```
/*公司名/Logo 的样式*/
.top span{color:#fff; font-size: 30px; line-height: 60px; float: left; width:
20%; padding-left: 20px;}
```

- 设置分类导航为右浮动。
- 设置导航项显示为行内块元素，宽度为 100 像素，行高为 60 像素，文字居中对齐。
- 设置导航项中导航链接的文本颜色为白色。
- 使用伪类选择器，设置鼠标指针经过时选中导航项的背景色。

```
/*分类导航*/
.top ul{float: right;}
/*导航项*/
.top ul li{display: inline-block; width: 100px; line-height: 60px; text-
align: center; }
/*导航链接的文本颜色*/
.top ul li a{color: #fff;}
/*当鼠标指针经过时导航项的背景色*/
.top ul li:hover{background-color:#061B61;}
```

（5）导航栏最终的显示效果如图 7-11 所示。

xxx 有限公司　　公司简介　招聘职位　招聘流程　联系我们

图 7-11

7.4.4 步骤四：搭建正文部分的框架

（1）在正文中的上半部分添加 Banner 大图。

index.html 文件中的导航栏对应的代码如下（使用<div>标签表示 Banner 大图区域，使用<img>标签展示 Banner 大图）。

```
<!--Banner 大图-->
<div class="banner">
    <img src="img/banner.png"/>
</div>
```

页面的显示效果如图 7-12 所示。

图 7-12

（2）搭建正文部分的公司简介、招聘职位和招聘流程 3 个板块的框架。

- 在 Banner 大图的代码下，使用<div>标签创建 3 个板块的标题和内容区域。
- 为需要设置独立样式的标签添加类名，并添加 id 属性作为导航锚点链接跳转目标。

```
<!--公司简介板块-->
<div class="title" id="info">
    <img src="img/company.png"/>
</div>
<div class="info"></div>
<!--招聘职位板块-->
<div class="title" id="job">
    <img src="img/position.png"/>
</div>
<div class="info"></div>
<!--招聘流程板块-->
<div class="title" id="process">
    <img src="img/process.png"/>
</div>
<div class="info"></div>
```

（3）编辑 style.css 文件，设置公司简介、招聘职位和招聘流程 3 个板块的样式。

- 设置标题区域的宽度为 202 像素、高度为 60 像素、左外边距为 7%，并设置定位方式为相对定位、上偏移 20 像素。
- 设置内容区域的宽度为 84%、内边距为 10 像素、背景色为白色，且居中对齐，并添加清除浮动样式，清除内容区域内元素因 float 产生的内容区域高度塌陷问题。

```
/*标题区域样式*/
.title{width: 202px; height: 60px; margin-left: 7%; position: relative; top: 20px;}
/*内容区域样式*/
```

```
    .info{width: 84%; padding: 10px; background-color: #fff; margin: auto;
overflow: hidden;}
```

显示效果如图 7-13 所示。

图 7-13

7.4.5　步骤五：设置公司简介板块

（1）在公司简介板块的内容区域添加两对<div>标签，分别用来放置公司简介的文字和图片。

```
<div class="info">
        <!--文字部分-->
        <div class="text">
    xxx 有限公司是以 xxxx 有限公司（原国家 xx 总院）为主要发起人，联合 xxx（集团）总公司等单位发起成立的高科技股份有限公司。传承 xxxx 有限公司 xx 余年的科研实力，xxx 有限公司建立了以“xx、xx、xxx”为目标的技术创新体系，拥有一支以 x 名中国工程院院士、xx 余位博士为核心的研发团队。xxx 有限公司共荣获国家发明奖、国家科技进步奖及省部级以上奖励 xx 项，全国科技大会奖 xx 项，制定国家和行业标准 xx 项，且拥有授权专利 xxx 项。xxx 有限公司是国家认定的企业技术中心，共设有 xxx 个国家级，以及 xxx 个省、市级工程技术研究中心/实验室和企业博士后科研工作站。xxx 有限公司承担并建设完成了多项国家重点项目，并且取得了显著的社会效益和经济效益。自成立以来，xxx 有限公司始终坚持以人才为本、诚信立业的经营原则，汇集了大量的业界精英，将国外先进的信息技术、管理方法及企业经验与国内企业的具体情况相结合，为企业提供全方位的解决方案，帮助企业提高管理水平和生产水平，使企业在激烈的市场竞争中始终保持活力，并且快速、稳定地发展。
        </div>
        <!--图片部分-->
        <div class="pic">
                <img src="img/info.png"/>
        </div>
</div>
```

（2）编辑 style.css 文件，添加公司简介板块文字和图片的样式。

- 使用后代选择器选中元素。
- 设置内容区域中的所有 div 元素为左浮动，使文字和图片在同一行显示。
- 设置文字部分元素的宽度为 65%，段落首行缩进 24 像素，行高为 26 像素，字体颜色为 #636363，内边距为 20 像素。

● 设置图片的宽度为30%。

```
/*公司简介板块*/
.info div{float: left;}
.info div.text{width: 65%; text-indent: 24px; line-height: 26px; color: #636363; padding: 20px;}
.info div.pic{width: 30%;}
```

（3）显示效果如图7-14所示。

图7-14

7.4.6　步骤六：设置招聘职位板块

（1）在招聘职位板块的内容区域中，先使用<ul>标签添加招聘职位列表，列表中的每项都使用<span>标签设置职位和地区，再使用<button>标签设置职位申请按钮。

```
<div class="info">
    <!--职位列表-->
    <ul class="job_list">
        <li>
            <a href="#">
                <span>新零售市场总监</span>
                <span>北京地区</span>
                <button>立即申请</button>
            </a>
        </li>
        ......
        ...... 此处省略部分相同的代码
        <li>
            <a href="#">
                <span>新零售市场总监</span>
                <span>北京地区</span>
                <button>立即申请</button>
```

```
                </a>
            </li>
        </ul>
    </div>
```

（2）编辑 style.css 文件，设置职位列表的样式。

- 设置职位列表的内边距为 20 像素。
- 设置列表项的边框为 1px solid #50aefe，背景色为#e2ebf8，外边距为 10 像素，内边距为 10 像素，并设置定位方式为相对定位（这里设置为相对定位是为了控制列表项中按钮的起始偏移位置）。
- 设置文字链接的文字颜色为#636363，字体为粗体。
- 使用伪类选择器，获取列表项中的第一个 span 元素，设置右内边距为 50 像素。
- 设置职位申请按钮的样式，清除按钮默认的边框，背景色为#061b61，字体颜色为#fff，内边距为 6 像素，并设置定位方式为绝对定位，右偏移 10 像素，上偏移 4 像素。

```
/*招聘职位板块*/
.job_list{padding: 20px; }
.job_list li{border: 1px solid #50aefe; background-color: #e2ebf8; margin: 10px; padding: 10px; position: relative;}
.job_list li a{color: #636363; font-weight: bold;}
.job_list li span:first-child{padding-right:50px;}
.job_list li button{border: 0px; background-color:#061b61; color: #fff; padding:6px; position: absolute; right: 10px; top: 4px;}
```

（3）显示效果如图 7-15 所示。

图 7-15

7.4.7 步骤七：设置招聘流程板块

（1）在招聘流程板块的内容区域中，使用<div>标签放置图片和文字，在<span>标签中添加图片和文字。

```
<div class="info">
    <!--招聘流程板块外层盒子-->
    <div class="process_list">
```

```
        <!--流程元素-->
        <span>
          <img src="img/01.png"/> <!--流程图片-->
          <p>网申</p> <!--流程文字-->
        </span>
        <span>
          <img src="img/02.png"/>
          <p>空中宣讲会</p>
        </span>
        <span>
          <img src="img/03.png"/>
          <p>AI 线上评估</p>
        </span>
        <span>
          <img src="img/04.png"/>
          <p>一对一面试</p>
        </span>
        <span>
          <img src="img/05.png"/>
          <p>商业模拟</p>
        </span>
        <span>
          <img src="img/06.png"/>
          <p>录用</p>
        </span>
    </div>
</div>
```

（2）编辑 style.css 文件，设置招聘流程板块图片和文字的样式。

- 设置招聘流程板块的布局方式为表格布局，并设置区域内的 span 元素为表格单元格。
- 设置招聘流程板块的内边距为 20 像素，宽度为 90%。
- 设置区域内 span 元素中的文字水平居中，并设置字体为粗体，文字颜色为#636363。

```
/*招聘流程*/
.process_list{display: table; padding: 20px; width: 90%;}
.process_list span{display: table-cell; text-align: center;}
.process_list span p{font-weight: bold; color: #636363;}
```

（3）显示效果如图 7-16 所示。

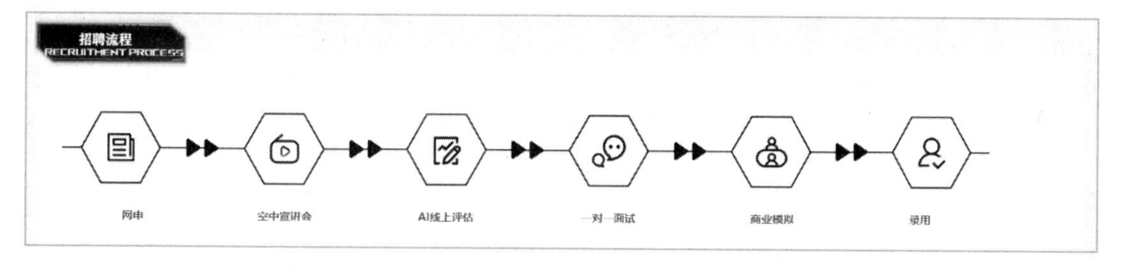

图 7-16

7.4.8 步骤八：搭建页脚

（1）使用<div>标签和<p>标签添加版权内容。

```
<!--省略招聘流程板块的代码-->
```

```
<!--页脚-->
<div class="footer">
      <p>Copyright © xxxx.com.All Rights Reserved.</p>
</div>
```

（2）编辑 style.css 文件，设置版权内容的 CSS 样式。

设置内边距为 20 像素，行高为 45 像素，颜色为黑色，文字居中对齐。

```
/*页脚*/
.footer{ padding: 20px; line-height: 45px; color: #000; text-align: center;}
```

（3）显示效果如图 7-17 所示。

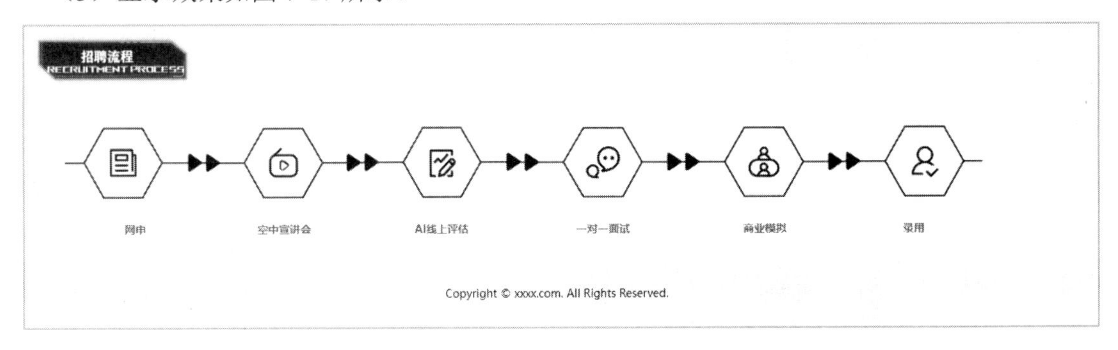

图 7-17

第 8 章 HTML/HTML5+CSS/CSS3：旅游网站

8.1 实验目标

（1）掌握 CSS 选择器的定义和功能。
（2）掌握 CSS 中的单位。
（3）掌握字体样式、文本样式、颜色和背景的功能。
（4）掌握 CSS 的区块、网页布局属性的功能。
（5）综合应用 CSS 设计页面样式技术开发旅游网站的首页。

本章的知识地图如图 8-1 所示。

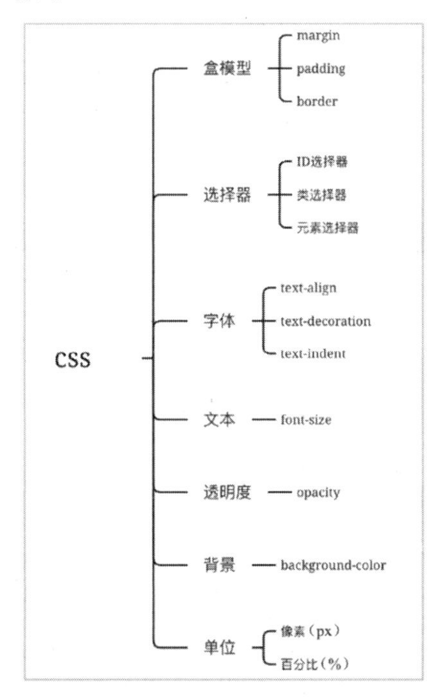

图 8-1

8.2 实验任务

制作旅游网站首页，该页面包括页头、页面标语、游客点评和页脚 4 个部分。

（1）页头：包括自定义 Logo 和导航菜单。

（2）页面标语：包括大背景图片和标语。

（3）游客点评：包括点评图片、景点名称、评价信息、价格和建议时间。

（4）页脚：包括版权信息。

旅游网站首页的页面效果如图 8-2 所示。

图 8-2

8.3 设计思路

本实验的资源文件夹中包含的内容如表 8-1 所示。

表 8-1

序号	文件名称	说明
1	index.html	旅游网站首页页面文件
2	images	图片资源
3	css/main.css	页面样式的实现
4	css/custom.css	页面通用样式的实现

（1）页面的基础结构如图 8-3 所示，包括导航栏、页面标语、游客点评和页脚。

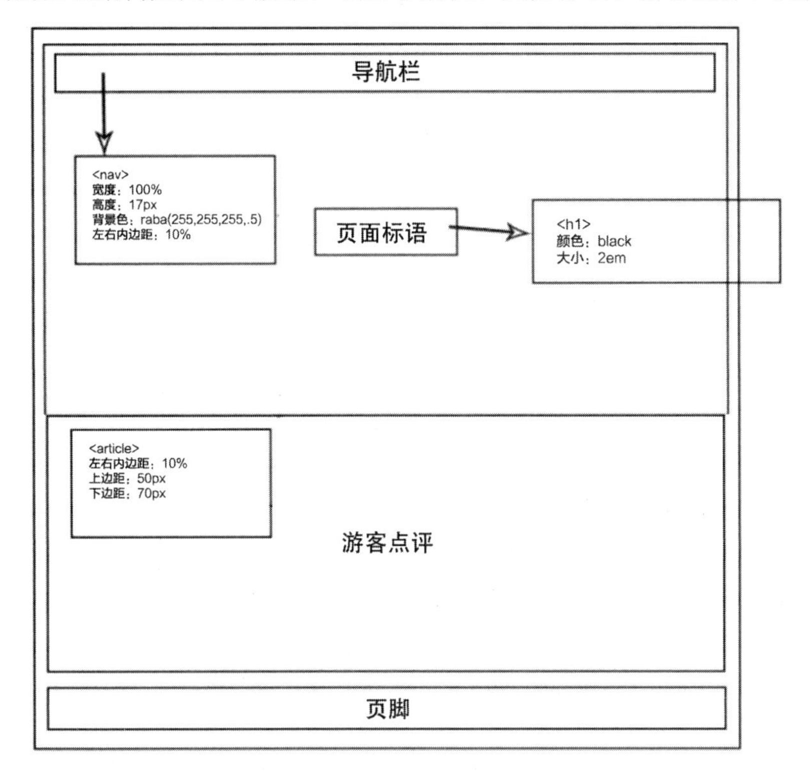

图 8-3

（2）各板块的详细结构如下。

● 导航栏的结构如图 8-4 所示。

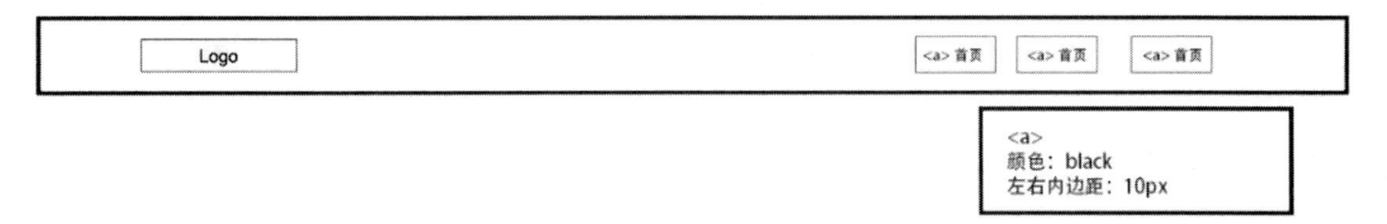

图 8-4

● 游客点评栏的结构如图 8-5 所示。

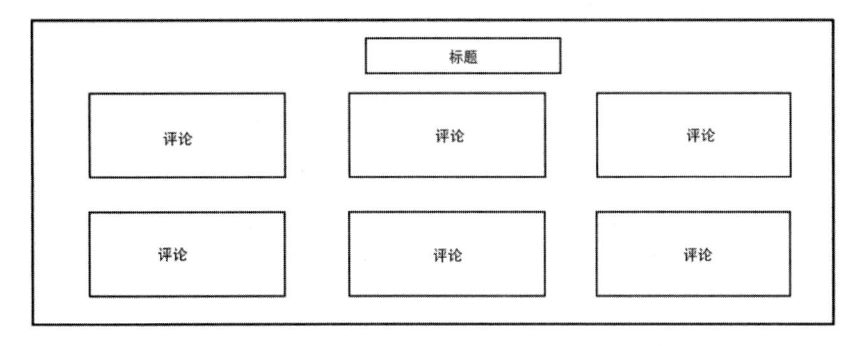

图 8-5

8.4 实验实施（跟我做）

8.4.1 步骤一：创建文件

（1）创建 index.html 文件，并将其作为首页。

```
<!DOCTYPE html>
<html lang="en">
        <head>
                <meta charset="UTF-8">
                <title>旅游网站</title>
        </head>
        <body>
        </body>
</html>
```

（2）创建 main.css 文件和 custom.css 文件，并将其作为样式表。

- 在代码编辑器中创建一个名为 css 的文件夹。
- 创建 main.css 文件和 custom.css 文件，并放入 css 文件夹中，如图 8-6 所示。

图 8-6

8.4.2 步骤二：链接外部样式文件

（1）在 index.html 文件的<head>标签中，使用<link>标签引入 CSS 的外部样式链接。

```
<head>
    <meta charset="UTF-8">
    <title>旅游网站</title>
    <!--引入 CSS 文件-->
    <link rel="stylesheet" href="./css/custom.css">
    <link rel="stylesheet" href="./css/main.css">
</head>
```

（2）编辑 custom.css 文件，重置默认样式。

- 内边距和外边距的默认值为 0。
- 将普通盒模型更改为“怪异盒模型”
- 去除文本装饰。

```
* {
    margin: 0;
    padding: 0;
    box-sizing: border-box;
    text-decoration: none;
}
```

8.4.3 步骤三：设置导航栏样式

（1）在<body>标签中，使用<nav>标签和<ul>标签搭建导航栏结构。

（2）为需要设置独立样式的标签添加 class 属性。

```
<!--[Start]页头-->
<header class="page_header">
    <!--[Start]导航栏-->
    <nav class="page_top">
        <h1>Logo</h1>
        <ul class="menu_top">
            <li><a href="./index.html">首页</a></li>
            <li><a href="./index.html">游客点评</a></li>
        </ul>
    </nav>
    <!--[End]导航栏-->
</header>
<!--[End]页头-->
```

（3）CSS 布局。

- 编辑 custom.css 文件，使用元素选择器对基础标签进行初始化定义。

```
/*设置 body 相对定位*/
body {
    position: relative;
}
/*h1 和 h2 标题文字居中*/
h1,h2{
    text-align: center;
}
/*h2 标题的下外边距为 40 像素，字体颜色为#fc7e2f*/
h2{
    margin-bottom: 40px;
    color: #fc7e2f;
    width: 100%;
}
/*h3 标题的下外边距为 10 像素，取消默认字体加粗*/
h3{
    margin-bottom: 10px;
    font-weight: unset;
}
/*图片保留原始比例裁剪*/
img{
    object-fit: cover;
}
/*清除列表标签默认样式*/
ul, li {
    list-style-type: none;
}
/*栏目的上内边距为 50 像素，下内边距为 70 像素，左、右内边距为 10%*/
article{
    padding: 50px 10% 70px;
}
section{
    height: 100%;
    width: 100%;
}
```

```
/*设置 p 标签字号为 2em*/
p{
    text-indent:2em;
}
/*按钮样式：无背景色，鼠标指针移入为手形，上、下内边距为 5 像素，左、右内边距为 10 像素，鼠标指针移入边框设为无，边框圆角为 10 像素，边框为 2 像素且为实线，颜色为#9d9d9d*/
.btn{
    background: none;
    cursor: pointer;
    padding: 5px 10px;
    outline: none;
    border-radius: 10px;
    border: 2px solid #9b9b9b;
}
```

● 编辑 main.css 文件，用 ID 选择器、类选择器、后代选择器和子选择器指定元素样式。

```
/*使用 ID 选择器设置导航栏最外围盒子的样式*/
#page_header {
    position: sticky;
    top: 0;
    height: 0;
    z-index: 99;
}
/*使用类选择器设置导航 nav 元素的样式*/
.page_top {
    display: flex;
    justify-content: space-between;
    align-items: center;
    width: 100%;
    height: 70px;
    background: rgba(255, 255, 255, .5);
    padding: 0 10%;
    box-shadow: -10px 0 20px white;
}
/*使用子选择器设置 ul 元素的样式*/
.page_top>ul {
    display: flex;
    justify-content: space-between;
}
/*使用后代选择器设置 a 元素的样式*/
ul.menu_top a {
    margin: 0 10px;
    color: black;
}
ul.menu_top a:hover {
    color: #fd5200;
}
```

显示效果如图 8-7 所示。

Logo	首页　热门景点　游客点评

图 8-7

8.4.4 步骤四：添加页面标语

在导航栏下方添加页面标语。

（1）在<body>标签中，创建<main class="page_main">标签来存放主要内容。

```
<main class="page_main">
        ……
</main>
```

（2）在<main class="page_main">标签中，使用<h1>标签设置标语，使用<div class="banner">标签设置背景图片。

```
<!--[Start]标语-->
<div class="banner">
        <h1>旅游网站<br>热门景点在线游览</h1>
</div>
<!--[End]标语-->
```

（3）编辑 main.css 文件，设置海报图样式。

```
/*弹性布局，上下居中，左右居中，高度为 740 像素，背景图片的宽度为 100%、高度为 100%*/
.banner {
    display: flex;
    justify-content: center;
    align-items: center;
    height: 740px;
    background: url("../images/1.png") no-repeat;
    background-size: 100% 100%;
}
```

显示效果如图 8-8 所示。

图 8-8

8.4.5 步骤五：设置游客点评栏

（1）在<main class="page_main">标签中添加<article>标签，<article>标签为游客点评栏最外层盒子，在标签中添加<h2>标签和<section>标签，<h2>标签用来显示栏目标题，<section>标签用来显示点评信息。

```
<!--[Start]游客点评栏-->
<article class="region-comment">
     <h2 id="comment">游客点评</h2>
         <section>
```

```
                <b class="score">8.87</b>
                <div class="comment-content">
                    <div class="portrait">
                        <img src="./images/2.JPG">
                    </div>
                    <div class="comment-info">
                        <h3>景点名称</h3>
                        <div><b>评价</b>XXX,XXXXXX</div>
                        <div><b>价格</b>200¥</div>
                        <div><b>建议时间</b>XX</div>
                    </div>
                </div>
            </section>
            <section>
                <b class="score">7.07</b>
                <div class="comment-content">
                    <div class="portrait">
                        <img src="./images/4.JPG">
                    </div>
                    <div class="comment-info">
                        <h3>景点名称</h3>
                        <div><b>评价</b>XXX,XXXXXX</div>
                        <div><b>价格</b>200¥</div>
                        <div><b>建议时间</b>XX</div>
                    </div>
                </div>
            </section>
            <section>
                <b class="score">7.88</b>
                <div class="comment-content">
                    <div class="portrait">
                        <img src="./images/5.png">
                    </div>
                    <div class="comment-info">
                        <h3>景点名称</h3>
                        <div><b>评价</b>XXX,XXXXXX</div>
                        <div><b>价格</b>200¥</div>
                        <div><b>建议时间</b>XX</div>
                    </div>
                </div>
            </section>
</article>
<!--[End]游客点评栏-->
```

（2）编辑 main.css 文件，添加一个点评 CSS 样式。

```
/*游客点评栏最外层盒子样式*/
.region-comment{
    display: flex;
    flex-wrap: wrap;
    justify-content: space-between;
}

/*游客评论内容区域*/
```

```
.region-comment section{
    position: relative;
    width: 28%;
    margin-bottom: 30px;
}

/*评论内容布局样式*/
.comment-content{
    display: flex;
    justify-content: space-between;
    align-items: center;
    height: 180px;
}

/*评论景点综合评分样式*/
.region-comment .score{
    position: absolute;
    top: -4px;
    right: 20px;
    font-size: 28px;
}

/*评论景点图片盒子*/
.region-comment .portrait{
    position: relative;
    height: 100%;
}

/*评论景点图片样式*/
.portrait>img{
    position: absolute;
    left: 0;
    right: 0;
    bottom: 0;
    top: 0;
    margin: auto;
    width: 120px;
    height: 100px;
    transform: translateX(-50px);
}

/*[Start]评论内容样式*/
.comment-info{
    width: 100%;
    background: #c2f0fc;
    padding: 30px;
    padding-left: 100px;
}

.comment-info>div{
    font-size: 12px;
    width: 100%;
```

```
    display: flex;
    justify-content: space-between;
}
.comment-info>div>b{
    display: block;
    width: 50px;
}
.comment-info>div>span{
    display: block;
    width: 100%;
}
/*[End]评论内容样式*/
```

显示效果如图 8-9 所示。

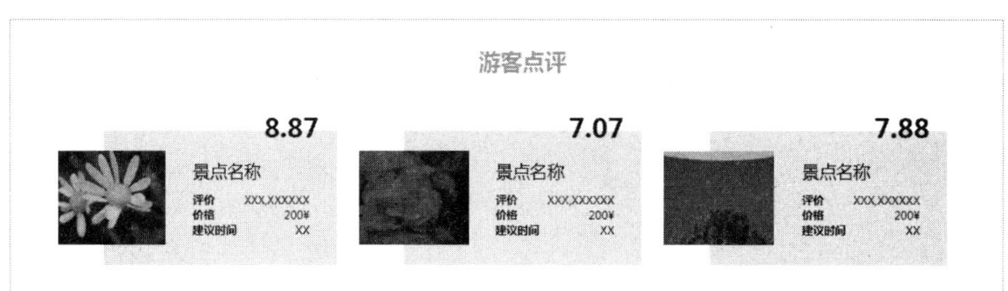

图 8-9

8.4.6　步骤六：搭建页脚

（1）在<body>标签中定义<footer>标签。

```
<!--[Start]页脚-->
<footer>
    <small>
        版权所有 © 2020-2021 旅游网站
    </small>
</footer>
<!--[End]页脚-->
```

（2）编辑 main.css 文件，添加 CSS 样式。

```
/*页脚样式*/
footer {
    display: flex;
    justify-content: center;
    align-items: center;
    height: 50px;
    background: black;
    color: white;
}
```

显示效果如图 8-10 所示。

版权所有 © 2020-2021 旅游网站

图 8-10

第 9 章 HTML/HTML5+CSS/CSS3：企业门户网站

9.1 实验目标

（1）理解项目的业务背景，调研企业门户网站的功能，并设计页面。

（2）掌握 HTML 文本标签、头部标记、超链接和表单的功能。

（3）掌握 CSS 选择器、单位、字体样式、文本样式、颜色、背景、区块和网页布局的功能。

（4）了解 CSS3 新增选择器、边框新特性、新增颜色和字体、新增特性、弹性布局的使用方法。

（5）具备网页设计、开发、调试和维护等能力，综合应用网页设计和制作技术开发企业门户网站。

本章的知识地图如图 9-1 所示。

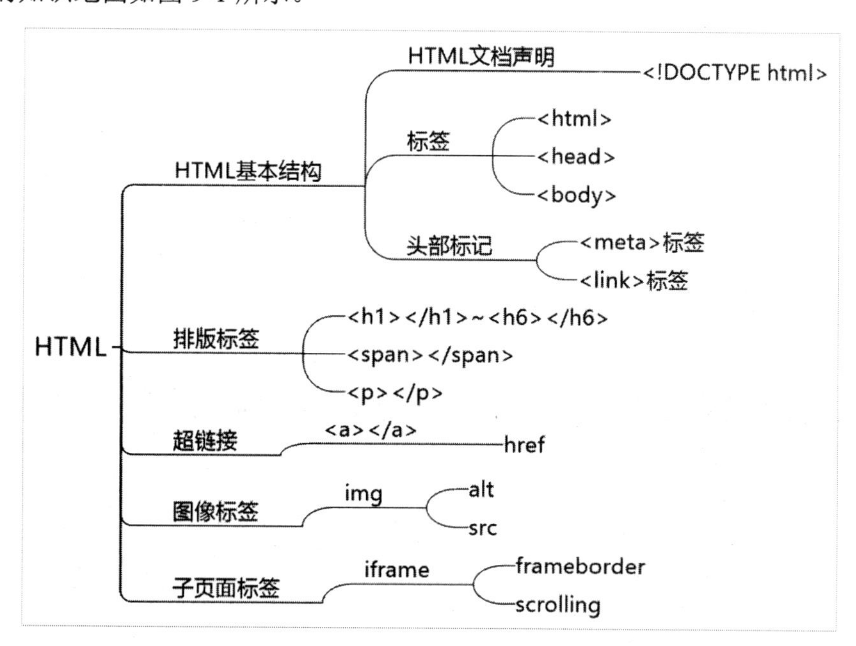

图 9-1

9.2 实验任务

（1）创建一个企业门户网站。

（2）企业门户网站首页的效果如图 9-2 所示。

图 9-2

9.3 设计思路

本实验的名称为 enterpriseWebsite，资源文件夹中包含的内容如表 9-1 所示。

表 9-1

序　　号	文 件 名 称	说　　明
1	index.html	企业门户网站首页的 HTML 文件
2	css/main.css	网站首页的 CSS 样式文件
3	css/custom.css	公用 CSS 样式文件
4	images	图片资源文件

企业门户网站首页的布局如图 9-3 所示。

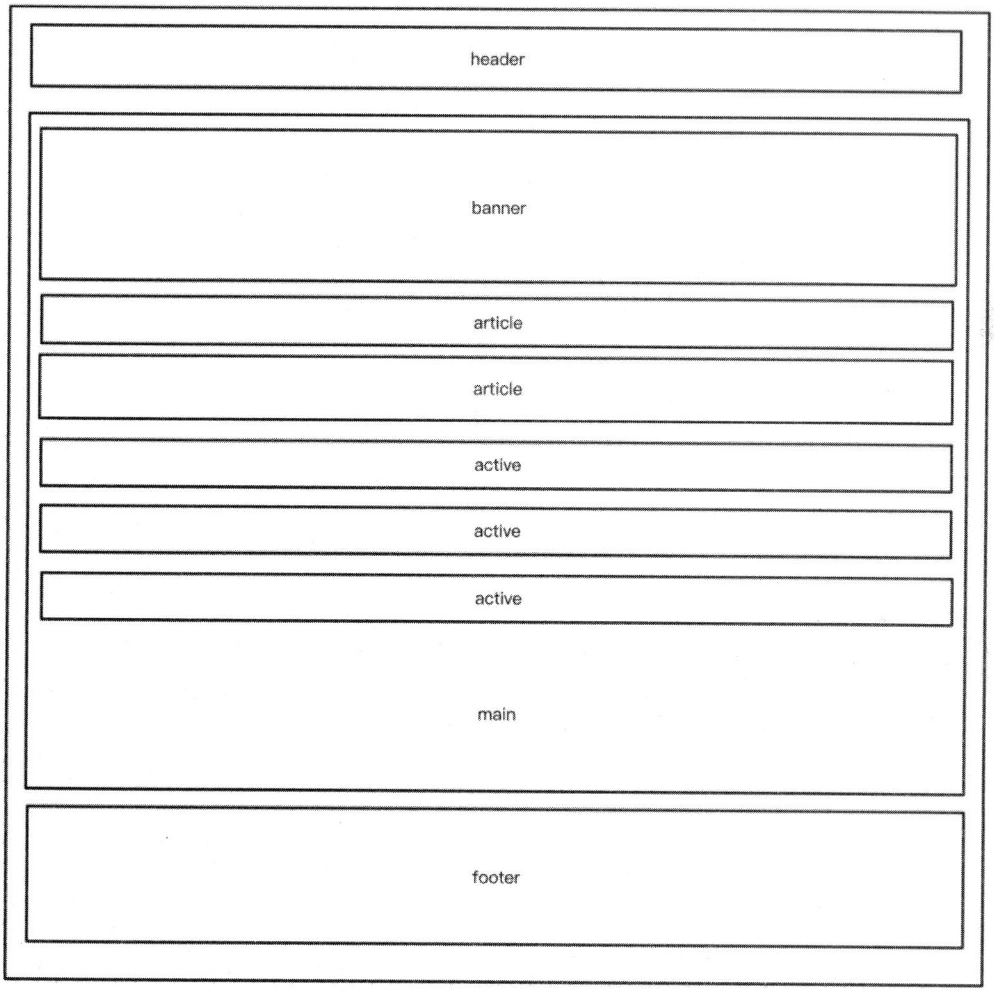

header

banner

article

article

active

active

active

main

footer

图 9-3

9.4　实验实施（跟我做）

9.4.1　步骤一：创建企业门户网站的首页

（1）创建网站首页，命名为 index.html。

```
< ! DOCTYPE HTML PUBLIC "-//W3C/ /DTD HTML 5.0 1 Transitional/ /EN">
<html>
```

```
<head>
        <meta charset="utf-8">
        <title>企业门户网站</title>
</head>
<body>
        ......
</body>
</html>
```

（2）编写页头。在页面文档的<body>标签中定义<header>标签表示页头，用于保存页面Logo和导航等内容。

```
<header class="top_box">
    <span class="logo" style="color:#046bf8;font-size: 24px;">Logo</span>
    <nav>
        <a href="./index.html"><span>首页</span></a>
        <a href="news.html"><span>新闻中心</span></a>
        <span>企业荣誉</span>
        <span>联系我们</span>
    </nav>
</header>
```

（3）在<body>标签中定义<main>标签，用来表示网站的主要内容。

```
<main>
    ......
</main>
```

（4）在<main>标签中添加主图部分，用于展示网站主图和标语等内容。

```
<!--[Start]主图部分-->
<div class="banner">
    <div class="banner_text">
        <h2 style="padding-bottom: 0">快速高效完成设计内容</h2>
        <h1>A 设计工作室</h1>
        <h3>提供专业设计解决方案</h3>
        <button class="btn" style="margin-top: 30px">关于我们</button>
    </div>
</div>
<!--[End]-->
```

（5）在<main>标签中添加介绍部分，用于显示网站简介。

```
<!--[Start]介绍部分-->
<article class="introduce">
        <section>
            <h3>设计师品牌运营 去掉一切交接环节 需求方直接对接设计师</h3>
            <h4>没有中间方信息差价 高效省心</h4>
        </section>
        <button class="btn">了解我们</button>
</article>
<!--[End]-->
```

（6）在<main>标签中添加新闻部分，用于展示企业新闻等内容。

```
<!--[Start]新闻部分-->
<article>
    <h2>热门新闻</h2>
    <div class="box">
        <div class="news-img">
            <img src="images/news1.jpg" alt="news1"/>
```

```
            </div>
            <div class="news-text">
                <div>
                    <h3>圣火设计 | 徽自在 · 重庆店：当空间转向自然与拙朴</h3>
                    <p>从电视到报纸，从广告到种类繁多的商业行为，视觉文化以多维度快速增长的方式，定义了当前社会的特征。结果衡量每种事物的标准，变成它是否能展现或被展现，并且将交流变……</p>
                </div>
                <div class="news-label">
                    <div style="display: flex">
                        <span>热门</span><span>精选</span>
                    </div>
                    <i>2020-05-20</i>
                </div>
            </div>
        </div>
    </article>
    <!--[End]-->
```

（7）在<main>标签中添加注册会员部分的内容。

```
    <!--[Start] 注册会员部分-->
    <article class="register">
    <h2>注册会员</h2>
        <form>
                <div>
                <input class="c_input" type="email" value="" title="email" placeholder="Email">
                <input class="c_input" type="text" value="" title="name" placeholder="Username">
                <input class="c_input" type="number" value="" title="phone" placeholder="Phone Number">
                <input class="c_input" type="password" value="" title="password" placeholder="Password">
              </div>
              <button type="submit" class="btn btn-sub">提交</button>
         </form>
    </article>
    <!--[End]-->
```

（8）编写页脚。在页面文档的<body>标签中定义<footer>标签，该标签用于存储版权信息。

```
    <footer>
        <p>copyright &copy; 2018-2020 company</p>
    </footer>
```

9.4.2 步骤二：添加 CSS 样式

（1）创建 custom.css 文件。

（2）创建 main.css 文件。

（3）在首页中引入 main.css 文件和 custom.css 文件。

```
    <head>
        <meta charset="utf-8">
        <title>企业门户网站</title>
        <link rel="stylesheet" href="css/main.css">
```

```
    <link rel="stylesheet" href="css/custom.css">
</head>
```

（4）编辑 custom.css 文件，为页面添加公用样式。

```
/*[Start]设置标题文本的字号、内边距和外边距，并且居中显示*/
h1 {
    font-size: 64px;
}

h2,h3,h4{
    font-weight: lighter;
}
h2 {
    text-align: center;
    padding-bottom: 20px;
}
h3 {
    margin-bottom: 5px;
}
/*[End]*/
/*清除 a 链接的下画线*/
a {
    text-decoration: none;
}
/*设置 p 元素中字体的颜色*/
p {
    color: #777;
}
/*清除列表前缀的默认样式*/
ul, li {
    list-style-type: none;
}
/*设置导航：弹性布局，上下居中，左右平均分布*/
nav {
    display: flex;
    align-items: center;
    justify-content: space-between;
}
/*设置导航文本的字号、粗细、颜色、外边距，以及鼠标指针状态*/
nav span {
    font-size: 14px;
    font-weight: 600;
    color: #046bf8;
    margin: 0 10px;
    cursor: pointer;
}
/*设置每个栏目的内边距*/
article {
    padding: 50px 15%;
}
/*设置按钮的宽度和高度、背景、鼠标移入样式、边框，以及文本颜色，禁用单击出现的默认边框*/
.btn {
    width: 120px;
```

```
    height: 40px;
    background: none;
    cursor: pointer;
    border: 1px solid white;
    color: white;
    outline: none;
}
/*设置按钮的边框和文本颜色*/
.btn-sub {
    border: 1px solid black;
    color: black;
}
/*设置文本框的边框、背景色、宽度、高度、外边距和内边距，禁用单击出现的默认边框*/
.c_input {
    border: 1px solid #777;
    background: none;
    width: 450px;
    height: 50px;
    margin: 20px;
    padding-left: 10px;
    outline: none;
}
```

（5）编辑 main.css 文件，添加首页的样式。

```
/*[Start]覆盖浏览器默认样式*/
*{
    margin: 0;
    padding: 0;
    box-sizing: border-box;
}
/*[End]*/
/*[Start]页头导航栏的样式*/
.top_box{
    position: absolute;
    top: 0;
    display: flex;
    justify-content: space-between;
    align-items: center;
    height: 80px;
    width: 100%;
    background: rgba(185, 185, 185, 0.9);
    z-index: 2;
    border-bottom: 1px solid rgba(255,255,255,.4);
    padding: 0 15%;
}
/*[End]*/
.banner{
    position: relative;
    height: 700px;
    display: flex;
    flex-direction: column;
    justify-content: center;
    align-items: center;
```

```
    background: url("../images/pexels-photo-1450458.jpeg") no-repeat center;
    background-size: cover;
    color: white;
}
.banner:after{
    content: '';
    position: absolute;
    left: 0;
    right: 0;
    top: 0;
    bottom: 0;
    width: 100%;
    height: 100%;
    background: rgb(67, 32, 17);
    opacity: .5;
}
.banner_text{
    text-align: center;
    z-index: 1;
}
/*[Start]介绍部分的样式*/
.introduce{
    display: flex;
    justify-content: space-between;
    align-items: center;
    height: 150px;
    background: #046bf8;
    color: white;
}
/*[End]*/
/*设置每条新闻的布局方式（弹性布局，左右平均分布）及外边距*/
.box {
    display: flex;
    justify-content: space-between;
    margin-bottom: 20px;
}

/*新闻图片父标签的宽度和内边距，超出部分隐藏*/
.news-img {
    width: 48%;
    padding-right: 20px;
    overflow: hidden;
}

/*新闻图片的样式：块级元素，宽度，高度，居中*/
.news-img > img {
    display: block;
    width: 100%;
    height: 200px;
    object-fit: cover;
}
```

```
    /*新闻文字区域的样式：弹性布局，垂直排列，上下平均分布，宽度*/
    .news-text {
        display: flex;
        flex-direction: column;
        justify-content: space-between;
        width: 52%;
    }

    /*新闻标签区域内容的样式：弹性布局，左右平均分布，文本颜色*/
    .news-label {
        display: flex;
        justify-content: space-between;
        color: #919191;
    }

    /*标签样式：弹性布局，左右居中，上下居中，最小宽度，内边距，外边距，边框圆角，背景色，以及
鼠标指针移入样式*/
    .news-label span {
        display: flex;
        justify-content: center;
        align-items: center;
        min-width: 40px;
        padding: 0 3px;
        margin-right: 8px;
        border-radius: 5px;
        border: 1px solid #e2e2e2;
        background: #f8f8f8;
        cursor: pointer;
    }
    /*[Start]注册会员部分的样式*/
    .register{
        display: flex;
        flex-direction: column;
        align-items: center;
        justify-content: center;
    }
    .register form{
        display: flex;
        flex-direction: column;
        align-items: center;
    }
    .register form>div{
        display: flex;
        flex-wrap: wrap;
        justify-content: center;
    }
    /*[End]*/
    /*[Start]页脚样式*/
    footer{
        display: flex;
```

```
    justify-content: center;
    padding: 10px 15%;
    background: black;
    color: white;
}
/*[End]*/
```

第 10 章 HTML/HTML5+CSS/CSS3：动物园网站

10.1 实验目标

（1）掌握图像标签的定义和功能。

（2）掌握 iframe 框架的定义和功能。

（3）熟练使用 HTML 美化网页。

（4）综合应用 HTML 美化页面技术开发动物园网站。

本章的知识地图如图 10-1 所示

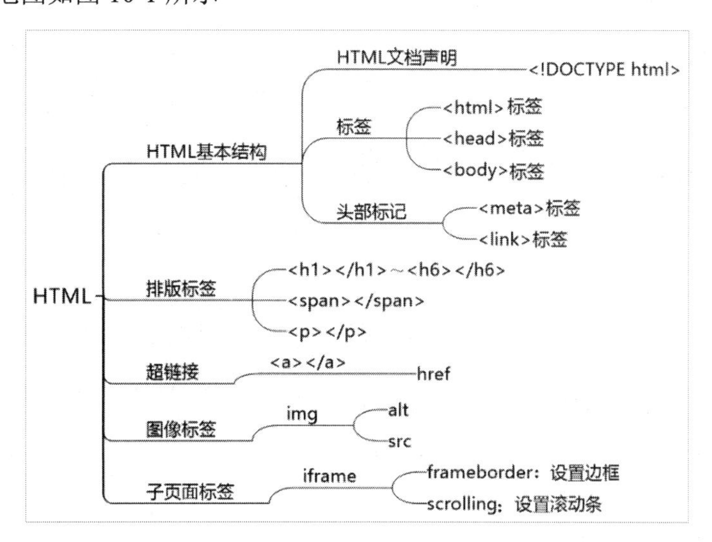

图 10-1

10.2 实验任务

动物园网站首页（index.html）包括 7 个部分，分别为导航、广告图、标语、关于我们、活动、订票和页脚。

场馆页面（ocean.html、knowledge.html 和 butterfly.html）共 3 个，分别显示海洋馆、蝴蝶馆和科普馆。

动物园网站首页和场馆页面之间的关系如下：3 个场馆页面为首页的子页面，在首页的场馆列表中单击不同场馆会切换为对应的场馆页面，场馆页面是使用<iframe>标签嵌入首页中的。

动物园网站首页的页面效果如图 10-2 所示。

图 10-2

10.3 设计思路

本实验的资源文件夹中包含的内容如表 10-1 所示。

表 10-1

序　　号	文 件 名 称	说　　明
1	index.html	动物园网站首页文件
2	ocean.html	海洋馆页面文件
3	knowledge.html	科普馆页面文件
4	butterfly.html	蝴蝶馆页面文件
5	custom.css	公用 CSS 样式文件
6	main.css	首页 CSS 样式文件
7	images	图片资源

（1）制作动物园网站首页的导航、广告图和标语。

（2）制作“关于我们”板块，并使用<iframe>标签导入场馆页面。

（3）使用<a>标签的 target 属性和 iframe 框架实现 Tab 栏切换，效果如图 10-3 和图 10-4 所示。

图 10-3

图 10-4

（4）制作页脚。

10.4 实验实施（跟我做）

10.4.1 步骤一：搭建页面主体结构

（1）创建动物园网站首页文件 index.html。

```
<!DOCTYPE html>
<html lang="en">
<head>
    <meta charset="UTF-8">
    <meta name="viewport" content="width=device-width,user-scalable=no,initial-scale=1.0, maximum-scale=1.0, minimum-scale=1.0">
    <meta http-equiv="X-UA-Compatible" content="ie=edge">
    <title>动物园网站</title>
</head>
<body>
……
</body>
</html>
```

（2）制作页头，在<body>标签中定义子元素<div class="page_top">表示页头，用于保存页面 Logo、导航等内容。

```
<!--[Start]页头-->
<div class="page_top" style="position: sticky;top: 0;height: 0;z-index: 999;">
    <!--[Start]导航-->
    <nav>
        <span class="logo">
            Logo
        </span>
        <ul>
            <li><a href="#">首页</a></li>
        </ul>
    </nav>
    <!--[End]导航-->
</div>
<!--[End]页头-->
```

（3）制作广告图，在<body>标签中定义子元素<header class="banner">。

```
<!--[Start]广告图-->
<header class="banner">
    <div class="banner-left">
    </div>
    <img class="elephant" src="images/4.jpg">
    <div class="banner-bottom">
    </div>
    <div class="banner-text">
        <h1>动物主题公园</h1>
        <p>一个动物主题公园宣传网站，介绍动物信息。</p>
    </div>
</header>
<!--[End]广告图-->
```

（4）在<body>标签中插入<main>标签，用来保存网站的主要内容。

```
<main>
    <article>
        <h2 id="about">关于我们</h2>
        <section class="about" style="padding: 20px 10%;">
            ……
        </section>
    </article>
</main>
```

（5）在页面文档的<body>标签中插入<footer>标签表示页脚，用于保存版权信息。

```
<!--[Start]页脚-->
<footer>
    <small>版权所有 © 2020-2021 动物园网站</small>
</footer>
<!--[End]页脚-->
```

10.4.2 步骤二：制作场馆子页面

创建 ocean.html 文件、butterfly.html 文件和 knowledge.html 文件。

（1）创建海洋馆页面文件 ocean.html，通过<div>标签搭建海洋馆页面的结构。

```
<!DOCTYPE html>
<html lang="en">
```

```
<head>
    <meta charset="UTF-8">
    <title>Title</title>
    <link rel="stylesheet" href="css/main.css" type="text/css">
    <link rel="stylesheet" href="css/custom.css" type="text/css">
    <style type="text/css" rel="stylesheet">
        .explain{
            height: 310px;
        }
    </style>
</head>
<body>
<!--海洋馆区域-->
<div class="explain">
      <img src="images/1.png">
      <div>
        <h3>海洋馆</h3>
        <p>场馆地址：XXXX-XXXX-XX</p>
        <p>联系电话：XXXXXXXXXXX</p>
        <p>动物主题公园有狮子、斑马、长颈鹿、天鹅和猫头鹰等多种动物。</p>
        <button class="btn">更多</button>
      </div>
</div>
</body>
</html>
```

（2）创建蝴蝶馆页面文件 butterfly.html。

- 复制海洋馆页面文件 ocean.html，将文件名修改为 butterfly.html
- 修改 class 类名为 explain 中的内容，将海洋馆信息替换为蝴蝶馆信息。

```
<img src="images/1.png">
<div>
    <h3>蝴蝶馆</h3>
    <p>场馆地址：XXXX-XXXX-XX</p>
    <p>联系电话：XXXXXXXXXXX</p>
    <p>动物主题公园有狮子、斑马、长颈鹿、天鹅和猫头鹰等多种动物。</p>
    <button class="btn">更多</button>
</div>
```

（3）创建科普馆页面文件 knowledge.html。

- 复制海洋馆页面文件 ocean.html，将文件名修改为 knowledge.html
- 修改 class 类名为 explain 中的内容，将海洋馆信息替换为科普馆信息。

```
<div>
    <h3>科普馆</h3>
    <p>场馆地址：XXXX-XXXX-XX</p>
    <p>联系电话：XXXXXXXXXXX</p>
    <p>动物主题公园有狮子、斑马、长颈鹿、天鹅和猫头鹰等多种动物。</p>
    <button class="btn">更多</button>
</div>
```

（4）图 10-5 所示为海洋馆效果图，其他场馆的样式与此类似。

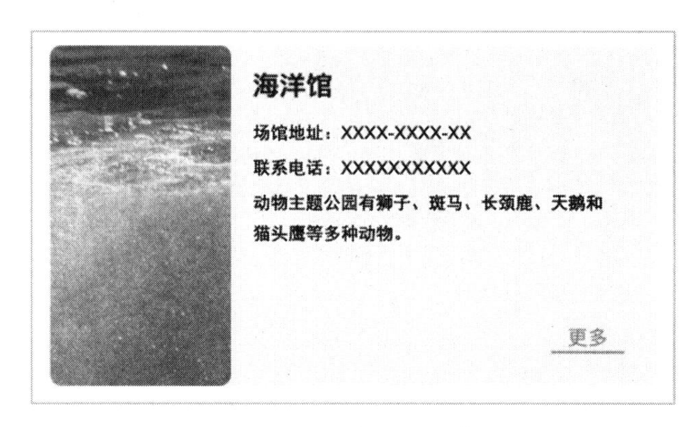

图 10-5

10.4.3 步骤三：使用<iframe>标签导入子页面

（1）首页是一个单独的文件，通过在<section class="about box-pd">标签中插入<iframe>标签，可以导入场馆页面。

```
<!--iframe 框架-->
<iframe name="content_table" frameborder="0" width="550" height="600"
scrolling="no" src="ocean.html"></iframe>
```

（2）利用<iframe>标签的 src 属性导入场馆页面，使用标签自带的属性美化<iframe>标签在页面中的实现效果，如图 10-2 所示。

10.4.4 步骤四：创建场馆列表

在<section class="about box-pd">标签下的<aside>标签中创建场馆列表，使用<a>超链接标签的 target 属性和首页中<iframe>标签的 name 属性实现 Tab 切换的功能。

```
<aside>
    <!--[Start]场馆列表-->
    <a href="ocean.html" target="content_table">
        <div>
            <img src="images/1.png" alt="">
            <span>海洋馆</span>
        </div>
    </a>
    <a href="butterfly.html" target="content_table">
        <div>
            <img src="images/2.png" alt="">
            <span>蝴蝶馆</span>
        </div>
    </a>
    <a href="knowledge.html" target="content_table">
        <div>
            <img src="images/3.png" alt="">
            <span>科普馆</span>
        </div>
    </a>
    <!--[End]场馆列表-->
</aside>
```

10.4.5 步骤五：添加 CSS 样式

（1）创建 custom.css 文件。

（2）创建 main.css 文件。

（3）为 index.html、butterfly.html、knowledge.html 和 ocean.html 4 个页面文件分别引入 custom.css 文件和 main.css 文件。

```
<link rel="stylesheet" href="css/main.css" type="text/css">
<link rel="stylesheet" href="css/custom.css" type="text/css">
```

（4）编辑 custom.css 文件。

```
/*[Start]字体样式*/
h1, h2 {
    color: white;
}

h1 {
    font-size: 64px;
    margin-bottom: 30px;
}

h2 {
    font-size: 36px;
    color: #10b1b3;
    margin-bottom: 20px;
}

h3 {
    font-size: 24px
}

p {
    padding-bottom: 10px;
}

a {
    text-decoration: none;
    color: white;
}
/*[End]字体样式*/

/*页面所有图片样式：高度为 100%，裁剪保持原比例*/
img {
    height: 100%;
    object-fit: cover;
}

/*清除列表默认样式*/
ul, li {
    list-style-type: none;
    margin: 0;
    padding: 0;
}
```

```
article {
    padding-bottom: 50px;
}

article > h2 {
    text-align: center;
}

/*按钮样式*/
.btn {
    padding: 0 15px;
    border: none;
    border-bottom: 2px solid #10b1b3;
    color: #10b1b3;
    background: transparent;
    font-size: 18px;
    cursor: pointer;
}
```

（5）编辑 main.css 文件。

```
* {
    margin: 0;
    padding: 0;
    box-sizing: border-box;
}
body, html {
    width: 100%;
}
/*隐藏超出页面的部分，body 元素采用相对定位*/
body {
    position: relative;
    overflow-x: hidden;
}
/*栏目间距：上下为 20 像素，左右为 10%*/
.box-pd {
    padding: 20px 10%;
}

/*[Start]导航样式*/
.page_top {
    position: sticky;
    top: 0;
    height: 0;
    z-index: 999;
}
nav {
    display: flex;
    justify-content: space-between;
    align-items: center;
    background: rgba(16, 177, 179, .7);
    padding: 20px 10%;
    width: 100%;
```

```
}
nav>ul{
    display: flex;
}
nav a {
    font-size: 24px;
    margin-left: 20px;
}
/*[End]导航样式*/

/*[Start]广告图样式*/
.banner {
    position: relative;
    height: 600px;
    overflow: hidden;
}
img.elephant {
    position: absolute;
    right: 0;
    height: 100%;
}
.banner-left {
    position: absolute;
    left: -150px;
    top: -130px;
    height: 830px;
    width: 830px;
    border-radius: 100%;
    background: blue;
    z-index: 2;
    background: url(".../images/1.jpg");
    background-size: 100% 100%;
    background-position-x: 100px;
    filter: brightness(40%);
}
.banner-text {
    position: absolute;
    left: 0;
    right: 0;
    bottom: 0;
    top: 0;
    width: 100%;
    height: 100%;
    display: flex;
    justify-content: center;
    align-items: start;
    flex-direction: column;
    z-index: 3;
    color: white;
    transform: translateX(250px);
}
.banner-bottom {
```

```
    position: absolute;
    left: -5%;
    right: 0;
    bottom: -175px;
    width: 110%;
    margin: auto;
    height: 250px;
    background: white;
    z-index: 99;
    border-radius: 100%;
}
/*[End]广告图样式*/

/*[Start]关于我们样式*/
.about {
    display: flex;
    justify-content: space-between;
    height: 350px;
}

.explain {
    display: flex;
    background: #f6f6f6;
    border-radius: 10px;
}
.explain .btn {
    position: absolute;
    right: 30px;
    bottom: 30px;
}
.explain > img {
    width: 30%;
    border-radius: 10px;
}
.explain > div {
    position: relative;
    padding: 20px;
}
.explain > div > h3 {
    padding-bottom: 15px;
}
.about > aside {
    width: 50%;
    display: flex;
    flex-direction: column;
    justify-content: space-between;
}
aside > a {
    display: block;
    height: 30%;
    overflow-x: hidden;
    box-shadow: 0 5px 10px #e0e0e0;
```

```
    border-radius: 10px;
}
aside > a > div {
    display: flex;
    justify-content: space-between;
    width: 100%;
    height: 100%;
}
aside img {
    flex: 1;
}
aside span {
    display: flex;
    justify-content: center;
    align-items: center;
    height: 100%;
    min-width: 200px;
    background: white;
    font-size: 24px;
    color: black;
}
/*[End]关于我们样式*/

footer {
    display: flex;
    justify-content: center;
    align-items: center;
    background: black;
    padding: 20px 0;
    color: white;
}
```

第 11 章 HTML/HTML5+CSS/CSS3：开源社区

11.1 实验目标

（1）能使用 CSS3 新增选择器获取网页元素。
（2）能使用 CSS3 边框、盒阴影等新特性美化页面样式。
（3）能使用 CSS3 弹性布局设计网页布局。
（4）综合应用 CSS3 的新特性、布局等开发开源社区。
本章的知识地图如图 11-1 所示。

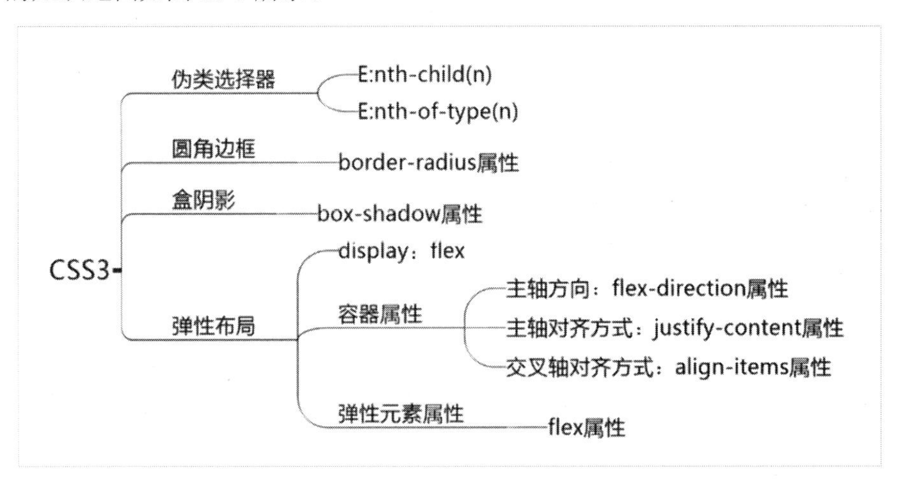

图 11-1

11.2 实验任务

开源社区的首页主要包括以下几部分。
（1）页头：由 Logo 和搜索栏组成。
（2）正文：由左侧的导航栏，以及右侧的 Banner 图和博客列表组成。

（3）页脚：版权声明。

页面效果如图 11-2 所示。

图 11-2

11.3　设计思路

（1）页面整体结构如图 11-3 所示。页头包括 Logo 和搜索栏；正文的左侧是导航栏，右侧是 Banner 图和博客列表；页脚为版权声明。可以使用 HTML 标签完成页面结构。

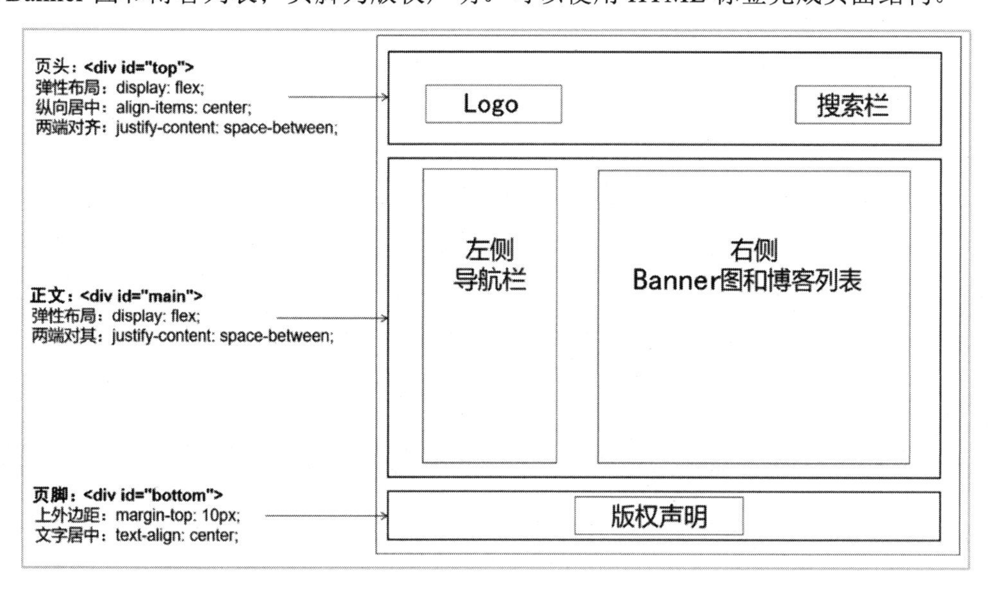

图 11-3

（2）页头的详细结构如图 11-4 所示。

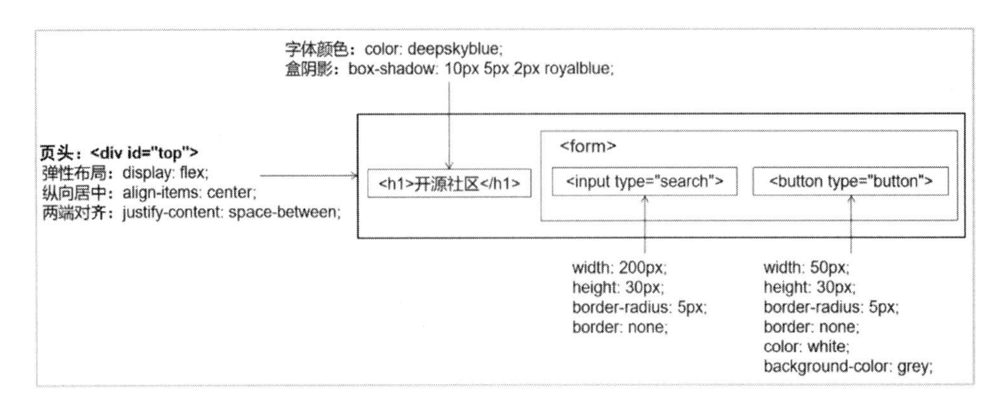

图 11-4

（3）正文的详细结构如图 11-5 所示。

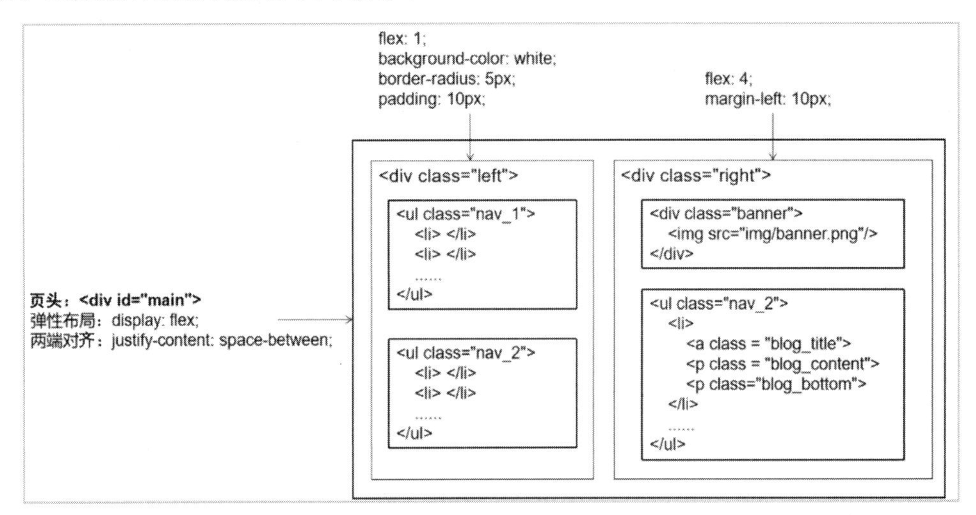

图 11-5

（4）页脚的详细结构如图 11-6 所示。

图 11-6

11.4 实验实施（跟我做）

11.4.1 步骤一：创建项目

使用 HBuilder 新建 Web 项目，项目名称为 community，在 community 项目中创建以下文件和文件夹。

- index.html 文件。

- css 文件夹，并在该文件夹中新建 index.css 文件。
- img 文件夹，将图片素材 banner.png 导入 img 文件夹中。

community 项目的目录结构如图 11-7 所示。

图 11-7

11.4.2　步骤二：搭建页面主体结构

（1）编辑 index.html 文件。

- 在<title>标签中添加网页标题。
- 在<head>标签中使用<link>标签引入 CSS 的外部样式链接。
- 在<body>标签中，先创建页头标签<div id="top">，再创建正文标签<div id="main">，最后创建页脚标签<div id="bottom">。

```
<!--文档声明-->
<!DOCTYPE HTML PUBLIC "-//W3C//DTD HTML 4.01 Transitional//EN">
<html>
   <head>
      <meta charset="utf-8">
      <link rel="stylesheet" href="css/index.css" />   <!--链接外部样式-->
      <title>开源社区</title>                           <!--页面标题-->
   </head>
   <body>
      <div id="top"></div>                            <!--页头-->
      <div id="main"></div>                           <!--正文-->
      <div id="bottom"></div>                         <!--页脚-->
   </body>
</html>
```

（2）编辑 index.css 文件，设置网页全局样式。

- 清除页面默认的内边距和外边距（使用通配符选择器获取页面所有元素）。
- 清除列表默认样式。
- 清除超链接默认下画线。
- 设置文本的字体。
- 设置文本的颜色。

```
*{
   margin: 0;
   padding: 0;
   list-style: none;
   text-decoration: none;
   font-family: "微软雅黑";
   color: black;
}
```

- 设置页面的背景色。

```
body{
   background-color: lightblue;
}
```

- 设置页头、正文和页脚的公共样式。

```
#top,#main,#bottom{
   width: 80%;
   min-width: 700px;
   margin: 1em auto;
}
```

11.4.3 步骤三：搭建页头

（1）编辑 index.html 文件，搭建页头。

- 在<div id="top">标签中添加<h1>标签作为页面 Logo。
- 在<div id="top">标签中添加<form>标签作为搜索栏。
- 在<form>标签中添加<input>标签作为文本框，设置 type="search"。
- 在<form>标签中添加<button>标签作为“搜索”按钮，设置 type="button"。

```
<div id="top"><!--页头-->
   <h1>开源社区</h1>
   <form>
      <input type="search">
      <button type="button">搜索</button>
   </form>
</div>
```

页面效果如图 11-8 所示。

图 11-8

（2）编辑 index.css 文件，为页头添加样式。

- 页头的样式：设置为弹性容器，水平方向，两端对齐，且垂直方向居中。

```
#top {
   display: flex;
   justify-content: space-between;
   align-items: center;
}
```

- Logo 的样式：文本颜色为蓝色，并添加盒阴影。

```
#top h1{
   color: deepskyblue;
   box-shadow: 10px 5px 2px royalblue;
}
```

- 文本框的样式：设置宽度和高度，采用圆角边框，并且去除边框线条。

```
#top input {
   width: 200px;
```

```
    height: 30px;
    border-radius: 5px;
    border: none;
}
```

- “搜索”按钮的样式：设置宽度和高度，以及文本颜色和背景色；采用圆角边框，并且去除边框线条。

```
#top button {
    width: 50px;
    height: 30px;
    border-radius: 5px;
    border: none;
    color: white;
    background-color: grey;
}
```

页头的效果如图 11-9 所示。

图 11-9

11.4.4　步骤四：搭建正文

（1）编辑 index.html 文件，搭建正文左侧的导航栏。

- 在<div id="main">标签中添加<div class="left">标签，将其作为正文左侧的导航栏部分。
- 在<div class="left">标签中添加<ul class="nav_1">标签，将其作为导航栏中的分类导航部分。
- 在<div class="left">标签中添加<ul class="nav_2">标签，将其作为导航栏中的热门资讯部分。

```
<!--正文-->
<div id="main">
    <!--左侧的导航栏-->
    <div class="left">
        <ul class="nav_1">
                <li><a href="">全部</a></li>
                <li><a href="">资讯</a></li>
                <li><a href="">开源长廊</a></li>
                <li><a href="">专区</a></li>
                <li><a href="">问答</a></li>
        </ul>
        <ul class="nav_2">
                <h3>热门资讯</h3>
                <li><a href="">1.热门资讯 1...</a></li>
                <li><a href="">2.热门资讯 2...</a></li>
                <li><a href="">3.热门资讯 3...</a></li>
                <li><a href="">4.热门资讯 4...</a></li>
                <li><a href="">5.热门资讯 5...</a></li>
        </ul>
    </div>
</div>
```

页面效果如图 11-10 所示。

全部
资讯
开源长廊
专区
问答

热门资讯

1.热门资讯1...
2.热门资讯2...
3.热门资讯3...
4.热门资讯4...
5.热门资讯5...

图 11-10

（2）编辑 index.css 文件，为正文及其左侧的导航栏添加样式。

- 正文的样式：弹性布局，水平方向两端对齐。

```
#main{
   display: flex;
   justify-content: space-between;
}
```

- 左侧的导航栏的样式：设置弹性子元素样式 flex: 1，并且设置背景色、圆角边框和内边距。

```
.left{
   flex: 1;
   background-color: white;
   border-radius: 5px;
   padding: 10px;
}
```

- 导航栏中的分类导航部分的样式：设置内边距和下边框。

```
.nav_1 li{
   padding: 10px 5px;
   border-bottom: 1px lightgrey solid;
}
```

- 导航栏中的分类导航部分的第一个列表项的样式：设置背景色、圆角边框和文本颜色。

```
.nav_1 li:nth-child(1){
   background-color: deepskyblue;
   border-radius: 5px;
   color: white;
}
```

- 导航栏中的热门资讯部分的样式：设置 ul 列表元素的上外边距，以及 li 元素的内边距和字号。

```
.nav_2{
   margin-top: 80px;
}
.nav_2 li{
   padding: 5px 5px;
   font-size: 0.8em;
}
```

- 导航栏中的热门资讯部分的前 3 个 li 元素文本的颜色。

```
.nav_2 li:nth-of-type(-n+3) a{
```

```
    color: red;
}
```

样式效果如图 11-11 所示。

图 11-11

（3）编辑 index.html 文件，搭建右侧的 Banner 图和博客列表。

- 在<div id="main">标签中添加<div class="right">标签，用于显示右侧的 Banner 图和博客列表部分。
- 在<div class="right">标签中添加<div class="banner">标签，用于显示博客列表上方的 Banner 图。
- 在<div class="banner">标签中添加<img src="img/banner.png"/>标签，用于显示 Banner 图。
- 在<div class="right">标签中添加<ul class="list">标签，用于显示博客列表部分。
- 在<ul class="list">标签中添加 3 个<li>标签，每个<li>标签为一篇博客摘要。
- 在每个<li>标签中，添加一个<a class="blog_title" href="">标签用来显示博客标题，添加一个<p class="blog_content">标签用来显示博客内容，添加一个<p class="blog_bottom">标签用来显示博客作者和发布时间。

```
<!--正文-->
<div class="right">
      <div class="banner">
            <img src="img/banner.png"/>
      </div>
      <ul class="list">
            <li>
                <a class="blog_title" href="">博客 1 标题</a>
                <p class="blog_content">博客 1 内容......</p>
                <p class="blog_bottom">
                    作者：XX    发布时间：XXXX 年 XX 月 XX 日
```

```
                </p>
            </li>
            <li>
                <a class="blog_title" href="">博客 2 标题</a>
                <p class="blog_content">博客 2 内容......</p>
                <p class="blog_bottom">
                    作者: XX    发布时间: XXXX 年 XX 月 XX 日
                </p>
            </li>
            <li>
                <a class="blog_title" href="">博客 3 标题</a>
                <p class="blog_content">博客 3 内容......</p>
                <p class="blog_bottom">
                    作者: XX    发布时间: XXXX 年 XX 月 XX 日
                </p>
            </li>
        </ul>
    </div>
```

页面效果如图 11-12 所示。

图 11-12

（4）编辑 index.css 文件，为右侧的 Banner 图和博客列表添加样式。

- Banner 图的样式：设置背景色和圆角边框，并且文字居中。

```
.right .banner {
  background-color: white;
  border-radius: 5px;
  text-align: center;
}
```

- 博客列表的样式：先设置弹性子元素样式 flex: 4，再设置左外边距。

```
.right{
  flex: 4;
  margin-left: 10px;
}
```

- 博客列表 ul 元素的样式：设置上外边距、背景色、圆角边框和内边距。

```
.list{
  margin-top: 10px;
  background: white;
  border-radius: 5px;
  padding: 20px;
}
```

- 博客列表 li 元素的样式：设置为弹性容器，主轴方向为纵向，纵向两端对齐，同时设置内边距和下边框。

```
.list li{
  display: flex;
  flex-direction: column;
  justify-content: space-between;
  height: 120px;
  padding: 20px;
  border-bottom: 1px lightgrey solid;
}
```

- 博客标题的样式：设置字号，并采用加粗形式。

```
.blog_title{
  font-size: 1.2em;
  font-weight: bold;
}
```

- 博客内容的样式：设置首行缩进。

```
.blog_content{
  text-indent: 2em;
}
```

- 博客作者和发布时间的样式：设置字号和文本颜色。

```
.blog_bottom{
  font-size: 0.7em;
  color: grey;
}
```

样式效果如图 11-13 所示。

图 11-13

11.4.5 步骤五：搭建页脚

（1）编辑 index.html 文件，搭建页脚。

在<div id="bottom">标签中添加版权声明。

```
<!—页脚-->
<div id="bottom">
    Copyright &copy;XXXXX 开源社区
</div>
```

（2）编辑 index.css 文件，为页脚添加样式。

页脚的样式：设置上外边距，并且文本居中。

```
#bottom{
    margin-top: 10px;
    text-align: center;
}
```

运行效果如图 11-14 所示。

Copyright ©XXXXX开源社区

图 11-14

第 12 章 HTML/HTML5+CSS/CSS3：动漫视频网站

12.1 实验目标

（1）能使用 CSS3 新增选择器获取网页元素。
（2）能使用 CSS3 边框新特性、颜色新特性和字体等美化页面样式。
（3）能使用 CSS3 动画完成网页动态效果。
（4）能使用 CSS3 多列布局和弹性布局等设计网页布局。
（5）能使用 2D/3D 转换完成网页元素的旋转效果。
（6）综合应用 CSS3 的新特性、动画和布局等技术开发动漫视频网站。
本章的知识地图如图 12-1 所示。

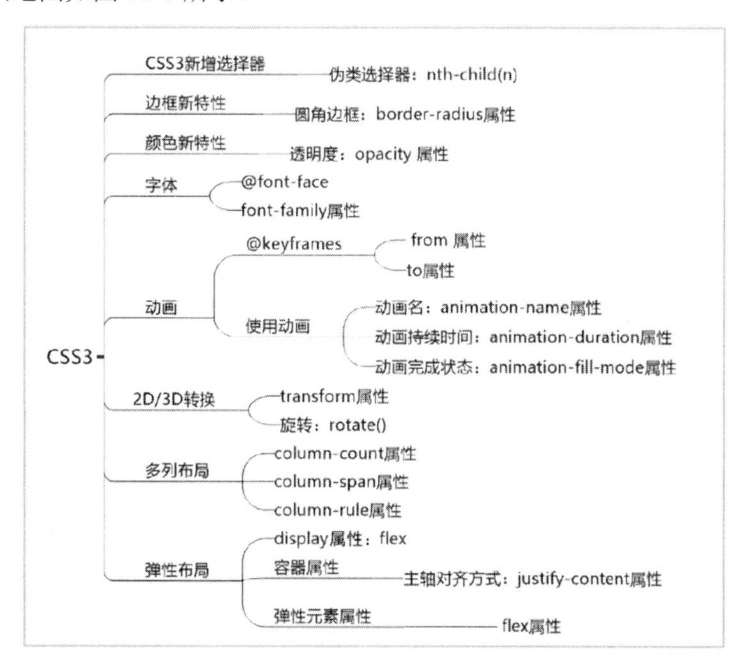

图 12-1

12.2 实验任务

动漫视频网站的首页包括热播视频和分类视频两部分，页面效果如图 12-2 所示。

图 12-2

（1）首页分为左、右两部分，主体框架使用弹性布局。
（2）标题文本使用自定义字体。
（3）热播视频和分类视频的列表部分使用多列布局。

- 分类视频的分类图标列表使用弹性布局。
- 分类图标的形状设置为圆形。

当鼠标指针悬停在分类图标上时启动动画，动画为 360° 旋转，且背景色由浅到深。

12.3 设计思路

首页的结构如图 12-3 所示。

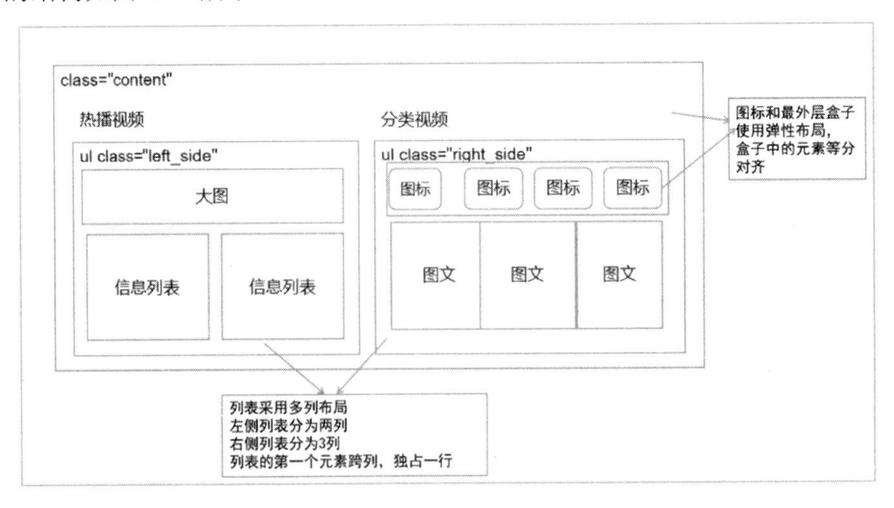

图 12-3

（1）页面框架和视频分类图标使用弹性布局，如图 12-4 所示。

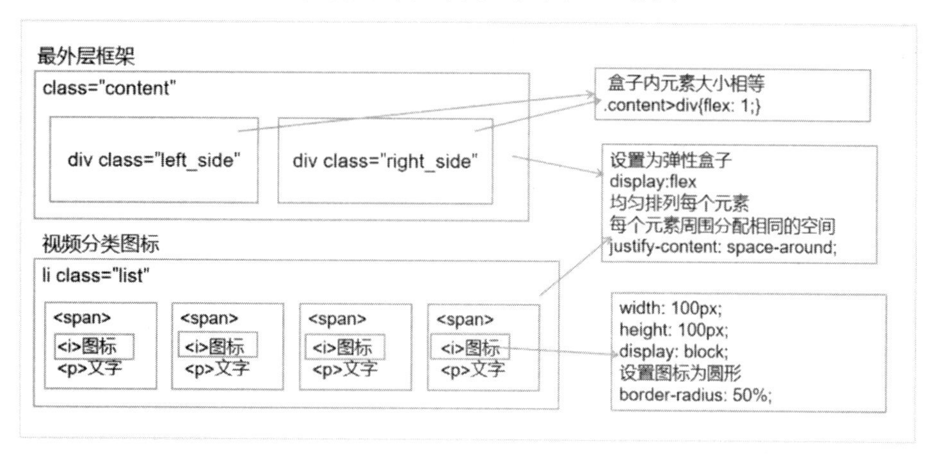

图 12-4

（2）热播视频和分类视频的列表部分使用多列布局，如图 12-5 所示。

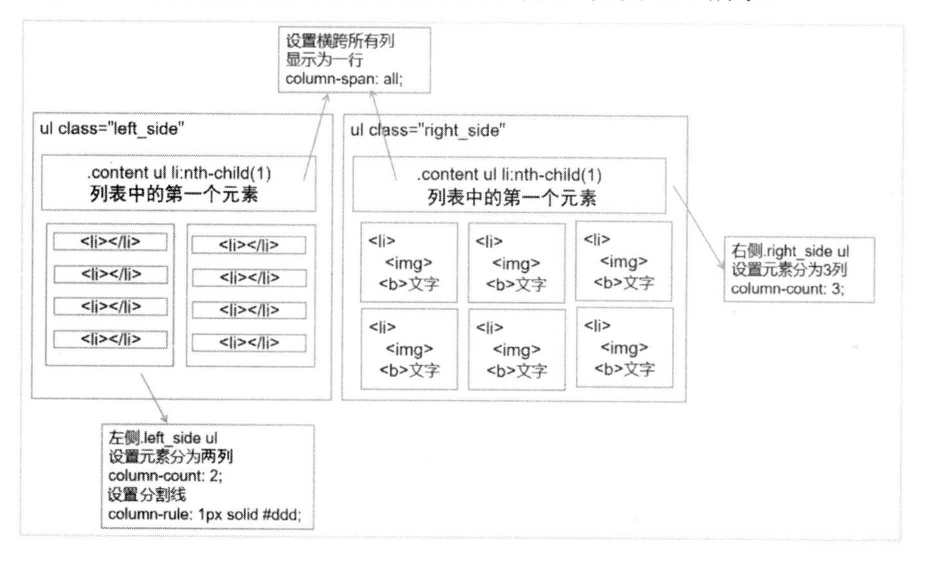

图 12-5

（3）分类图标的旋转动画效果可以使用 CSS3 的关键帧动画实现。

- 使用@keyframes 定义 CSS3 动画规则，动画的旋转角度为 0°～360°。
- 使用:hover 伪类选择器，设置当鼠标指针悬停在图标上时启动动画，当鼠标指针离开图标时关闭动画。
- 使用 animation 相关属性执行 CSS3 动画。

12.4 实验实施（跟我做）

12.4.1 步骤一：创建项目

（1）创建一个 Web 项目，项目名称为 comics。在 comics 项目中创建网站首页文件 index.html。comics 项目的目录结构如图 12-6 所示。

```
comics
    font
        zcool.ttf
    img
        01.png
        02.png
        03.png
        04.png
        05.png
        06.png
        icon01.png
        icon02.png
        icon03.png
        icon04.png
        top.png
    index.html
```

图 12-6

（2）编辑 index.html 文件，将网页标题修改为“动漫电影网”。

```
<!DOCTYPE html>
<html>
<head>
        <meta charset="utf-8">
        <title>动漫电影网</title>
</head>
<body>
</body>
</html>
```

12.4.2 步骤二：搭建页面主体结构

（1）在 index.html 文件的<body>标签中，使用<div>标签、<h2>标签和<ul>标签搭建页面主体结构。

```
<body>
   <!--页面最外层框架-->
   <div class="content">
       <!--热播视频-->
       <div class="left_side">
              <h2>热播视频</h2>
              <ul></ul>
       </div>
       <!--分类视频-->
       <div class="right_side">
              <h2>分类视频</h2>
              <ul></ul>
       </div>
   </div>
</body>
```

（2）在 HTML 文件中引入内部样式表，并设置公共样式。

- 在页头的<head>标签中，使用<style>标签引入内部样式表。
- 设置全局样式，清除所有列表的默认样式、内边距和外边距，并设置文本的字号。
- 清除所有超链接的下画线，并设置链接文本的颜色为黑色，当鼠标指针经过时文本的颜色变为蓝色。

```
<head>
   <meta charset="utf-8">
   <title>动漫电影网</title>
   <!--内部样式表-->
   <style>
   /*全局样式*/
   ul{
       list-style: none;
       margin: 0px;
       padding: 0px;
       font-size: 0.8rem;
   }
   a{text-decoration: none; color: black;}
   a:hover{color: blue;}
   </style>
</head>
```

（3）为页面主体结构设置 CSS 样式。

- 设置页面最外层框架的布局方式为弹性布局，使热播视频和分类视频两部分在同一行等分显示。
- 设置列表的圆角边框、背景色和外边距。

```
/*页面最外层框架*/
.content{
   display: flex;          /*弹性布局*/
}
.content div{
flex: 1;                   /*等分显示*/
}
.content ul{
   border: 1px solid #D4D4D4;
   border-radius: 10px; /*圆角边框*/
   background: #f6f9fe;
   margin: 10px;
}
```

页面的运行效果如图 12-7 所示。

图 12-7

12.4.3　步骤三：创建热播视频列表

（1）在左侧的<ul>标签中添加<li>列表标签。

- 添加第一个<li>标签，并在该标签中插入图片和三级标题。
- 添加第二个<li>标签，在该标签中使用<a>标签添加视频名称，使用<span>标签添加视频更新状态。

```
<!--热播视频-->
<div class="left_side">
```

```
<h2>热播视频</h2>
    <ul>
        <li>
            <img src="img/top.png"/>
            <h3><a href="#">动漫电影影片一</a></h3>
        </li>
        <li><a href="#">xxx 动漫电影影片二</a><span>更新至第 5 话</span></li>
        <li><a href="#">xxx 动漫电影影片三</a><span>更新至第 5 话</span></li>
        <li><a href="#">xxx 动漫电影影片四</a><span>更新至第 6 话</span></li>
        <li><a href="#">xxx 动漫电影影片五</a><span>更新至第 17 话</span></li>
        <li><a href="#">xxx 动漫电影影片六</a><span>更新至第 5 话</span></li>
        <li><a href="#">xxx 动漫电影影片七</a><span>更新至第 5 话</span></li>
        <li><a href="#">xxx 动漫电影影片八</a><span>更新至第 5 话</span></li>
        <li><a href="#">xxx 动漫电影影片九</a><span>更新至第 6 话</span></li>
        <li><a href="#">xxx 动漫电影影片十</a><span>更新至第 5 话</span></li>
        <li><a href="#">xxx 动漫电影影片十一</a><span>更新至第 5 话</span></li>
        <li><a href="#">xxx 动漫电影影片十二</a><span>更新至第 4 话</span></li>
        <li><a href="#">xxx 动漫电影影片十三</a><span>更新至第 13 话</span></li>
    </ul>
</div>
```

（2）设置热播视频列表的 CSS 样式。

- 使用后代选择器获取左侧的 ul 列表元素，设置布局方式为多列布局，使列表内容分为两列显示，并使用 1 像素的灰色分割线隔开。
- 设置所有 li 列表元素的内边距，上、下为 8 像素，左、右为 20 像素。
- 设置 li 列表元素中的 span 元素右浮动。

```
/*热播视频的列表*/
.left_side ul{ column-count: 2; column-rule: 1px solid #ddd;}
.left_side ul li{ padding:8px 20px; }
.left_side span{float: right;}
```

- 设置 ul 列表元素中的第一个 li 元素横跨两列显示。
- 设置 ul 列表元素中的图片的最大宽度为父元素的 100%，并添加圆角边框效果。

```
.content ul li:nth-child(1){column-span: all; /*横跨所有列（两列）*/}
.content ul img{max-width: 100%; border-radius: 6px;}
```

页面的显示效果如图 12-8 所示。

图 12-8

12.4.4　步骤四：创建分类视频列表

（1）在右侧的<ul>标签中添加一个<li>标签表示分类图标列表。

- 在<li>标签中添加 4 个<span>标签，每个<span>标签中包含一个<i>标签和一个<p>标签。
- 在<i>标签中插入图标图片，在<p>标签中插入文本。
- 用 style 属性将 4 个<i>标签的背景色分别设置为#f15674、#fcba2a、#ff716d 和#6dc781。

```
<!--分类视频-->
<div class="right_side">
       <h2>分类视频</h2>
       <ul>
           <!--分类图标列表-->
           <li class="list">
                  <span>
                   <i style="background-color: #f15674;">
                       <img src="img/icon01.png"/>
                   </i>
                   <p>少儿</p>
               </span>
               <span>
                   <i style="background-color: #fcba2a;">
                       <img src="img/icon02.png"/>
                   </i>
                   <p>二次元</p>
               </span>
               <span>
                   <i style="background-color: #ff716d;">
                       <img src="img/icon03.png"/>
                   </i>
                   <p>科学探索</p>
               </span>
               <span>
                   <i style="background-color: #6dc781;">
                      <img src="img/icon04.png"/>
                   </i>
                   <p>运动竞技</p>
               </span>
           </li>
    </ul>
</div>
```

（2）在右侧的<ul>标签中再添加 6 个<li>标签表示图文列表。在<li>标签中插入图片、标题和文字描述，视频标题使用<b>标签加粗显示，使用
标签强制换行添加文字描述。

```
<!--分类视频-->
<div class="right_side">
    <h2>分类视频</h2>
    <ul>
        <!--分类图标列表代码省略-->
        <!--图文列表-->
        <li>
            <img src="img/01.png"/>
               <b><a href="#">XXX 动漫全集</a></b>
               <br/>
```

```
            XXX 经典大合辑
        </li>
        <li>
            <img src="img/02.png"/>
            <b><a href="#">XXX 动漫全集</a></b>
            <br/>
            XXX 经典大合辑
        </li>
        <li>
            <img src="img/03.png"/>
            <b><a href="#">XXX 动漫全集</a></b>
            <br/>
            XXX 经典大合辑
        </li>
        <li>
            <img src="img/04.png"/>
            <b><a href="#">XXX 动漫全集</a></b>
            <br/>
            XXX 经典大合辑
        </li>
        <li>
            <img src="img/05.png"/>
            <b><a href="#">XXX 动漫全集</a></b>
            <br/>
            XXX 经典大合辑
        </li>
        <li>
            <img src="img/06.png"/>
            <b><a href="#">XXX 动漫全集</a></b>
            <br/>
            XXX 经典大合辑
        </li>
    </ul>
</div>
```

（3）设置分类视频列表的 CSS 样式。

- 使用后代选择器获取右侧的 ul 元素，设置布局方式为多列布局，将元素内容分为 3 列显示。
- 设置 ul 元素中的 li 元素的内边距和外边距都为 5 像素。
- 使用类选择器获取分类图标列表，并设置布局方式为弹性布局，弹性盒子中的元素在主轴的两端对齐。
- 设置所有分类图标 span 元素的文本内容水平居中对齐，并且采用加粗形式。
- 设置分类图标中的 i 元素显示为块级元素，宽度和高度都为 100 像素，并设置圆角大小为 50%（设置为圆形）。
- 设置分类图标中图片大小为 50%，上内边距为 25 像素。

```
/*分类视频列表*/
.right_side ul{ column-count: 3;}
.right_side ul li{margin: 5px; padding: 5px;}
/*分类图标*/
.right_side ul li.list{
    display: flex; /*弹性布局*/
```

```
        justify-content: space-around; /*两端对齐，左右两端都有空隙*/
}
.list span{ text-align: center; font-weight: bold;}
.list span i{
        display: block; /*块级元素*/
        width: 100px; height: 100px; border-radius: 50%; /*圆形*/
}
.list span img{width: 50%; padding-top: 25px;}
```

页面的显示效果如图 12-9 所示。

图 12-9

12.4.5　步骤五：制作 CSS3 动画

（1）使用@keyframes 定义 CSS3 动画规则，动画旋转角度为 0°～360°，图标颜色透明度为 0.6～1。

```
/*定义动画名字和规则*/
@keyframes change{
    from {
        transform: rotate(0deg);        /*初始的旋转角度*/
        opacity: 0.6;                   /*初始的透明度*/
    }
    to {
        transform: rotate(360deg);      /*结束的旋转角度*/
        opacity: 1;                     /*结束的透明度*/
    }
}
```

（2）当鼠标指针悬停在图标上时启动动画，离开时停止。

- 使用后代选择器获取所有图标元素。
- 使用:hover 伪类选择器设置当鼠标指针悬停在图标上时启动动画。
- 使用 animation 属性设置动画的持续时间和播放完成后的状态。

```
/*触发动画*/
.list i:hover {
   animation-name: change;
   /*动画播放持续的时间*/
```

```
    animation-duration: 2s;
    /*当动画完成后，保持最后一个属性值*/
    animation-fill-mode: forwards;
}
```

动画的显示效果如图 12-10 所示。

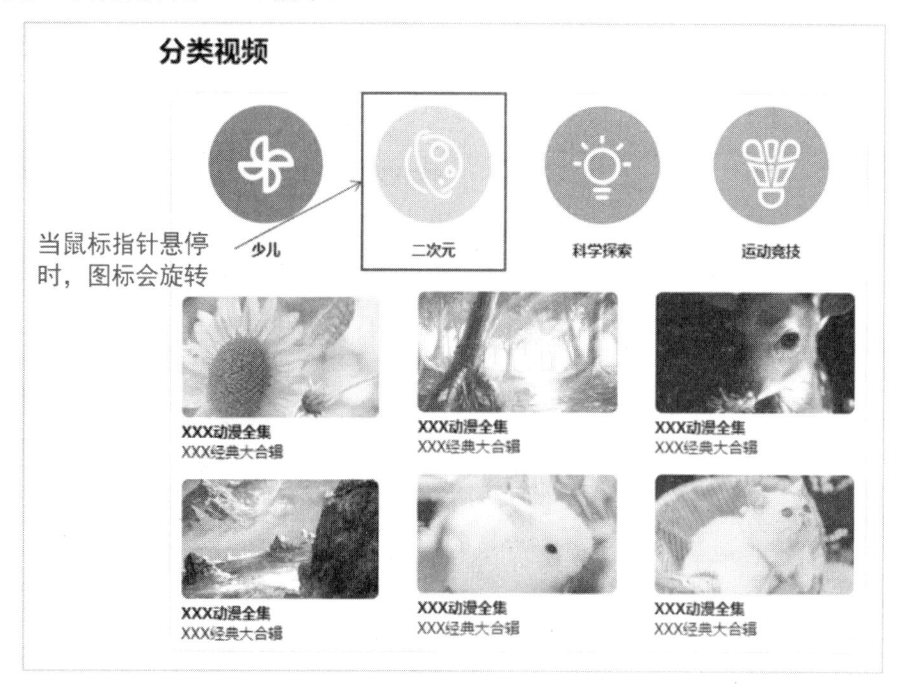

图 12-10

12.4.6 步骤六：定义自定义字体

（1）使用@font-face 定义自定义字体。

```
/*定义自定义字体*/
@font-face {
    /*自定义字体的名称*/
    font-family: css3font;
    /*字体所在的路径*/
    src: url('font/zcool.ttf');
}
```

（2）“热播视频”和“分类视频”这两个标题使用自定义字体。

```
/*使用自定义字体*/
h2{ font-family: css3font; }
```

页面的显示效果如图 12-11 所示。

图 12-11

第 13 章 HTML/HTML5+CSS/CSS3：外卖网

13.1 实验目标

（1）能使用 CSS3 新增选择器获取网页元素。
（2）能使用 CSS3 圆角边框、颜色、字体和渐变等新特性美化页面样式。
（3）能使用 CSS3 弹性布局设计网页布局。
（4）综合应用 CSS3 的新特性和布局等技术开发移动端静态网页——外卖网。
本章的知识地图如图 13-1 所示。

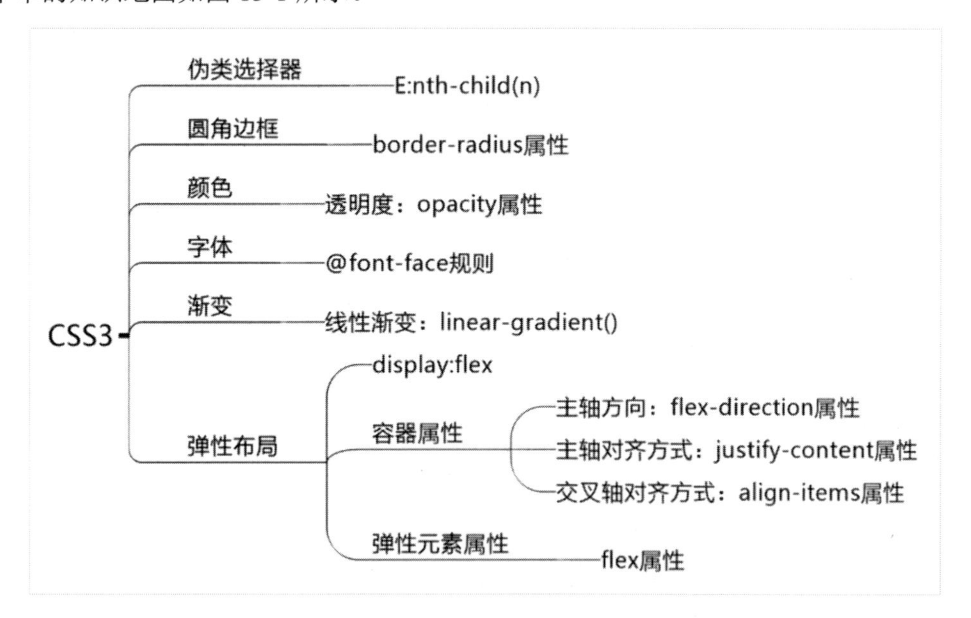

图 13-1

13.2 实验任务

（1）外卖网的移动端首页包括 4 个部分。

- 网站标题和搜索栏。
- Banner 图。
- 产品分类列表和产品列表栏。
- 导航栏。

（2）产品列表栏的每个列表项中包括产品名称、产品月销售量、配送距离、起送金额、配送费和一张产品缩略图。

（3）网页禁止在移动设备上缩放。

（4）图片和边框需要进行圆角美化。

（5）页面中所有的文字信息使用自定义字体。

（6）产品列表中产品名称的文本的颜色为红色且半透明。

页面效果如图 13-2 所示。

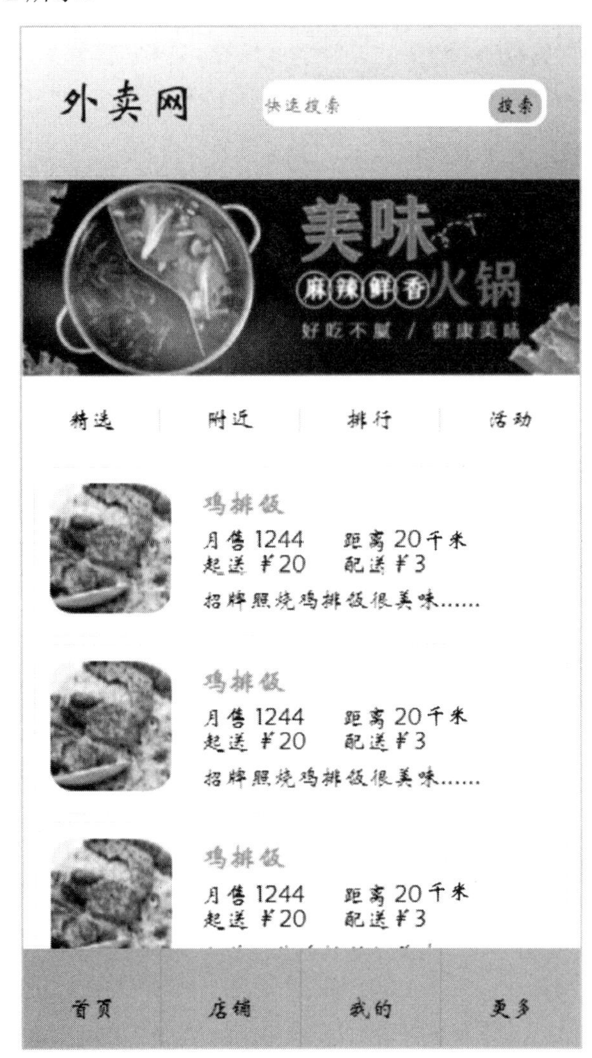

图 13-2

13.3　设计思路

（1）制作外卖网的移动端首页，页面的总体结构如图 13-3 所示。

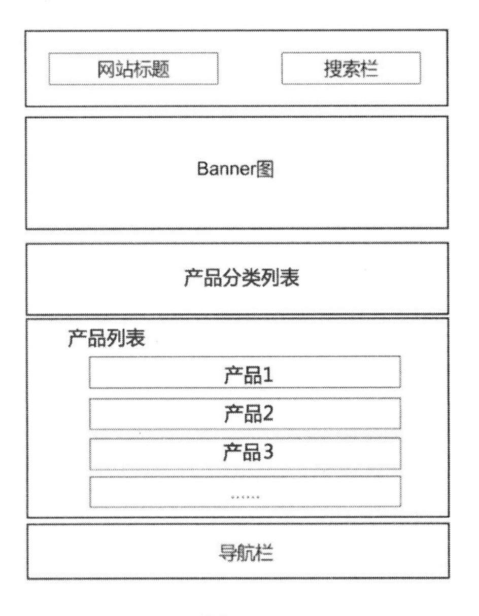

图 13-3

（2）页头的详细结构如图 13-4 所示。

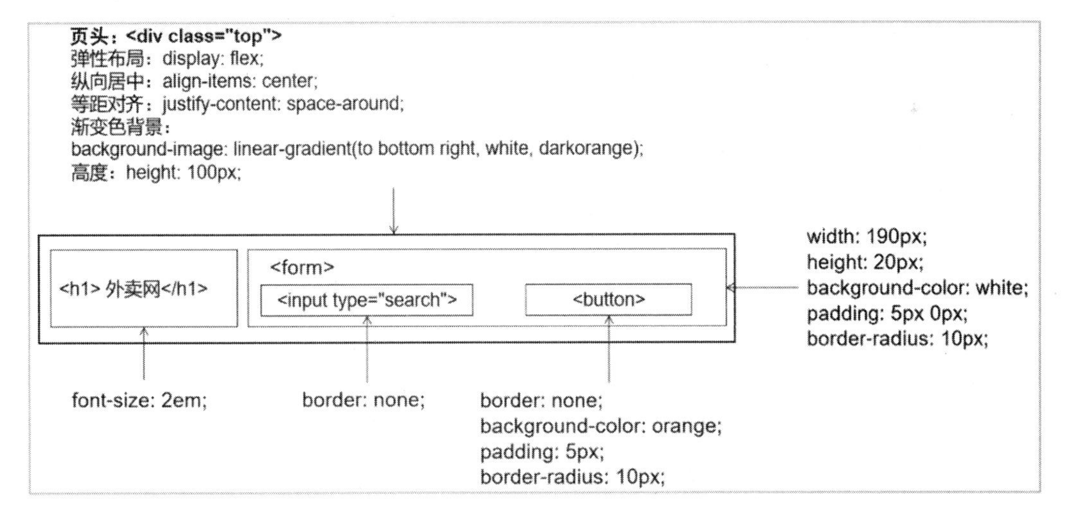

图 13-4

（3）Banner 图的详细结构如图 13-5 所示。

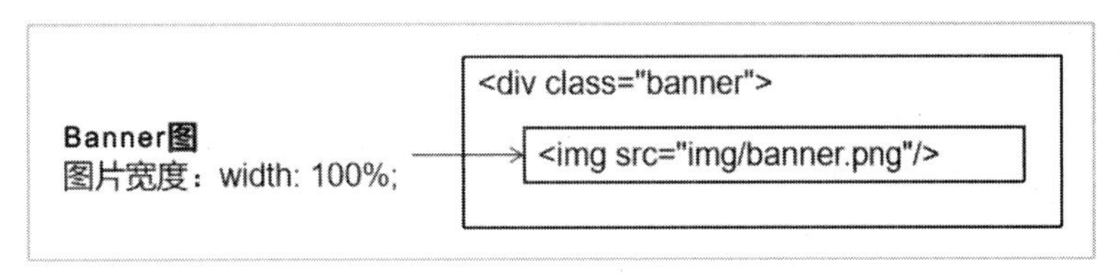

图 13-5

（4）产品分类列表的详细结构如图 13-6 所示。

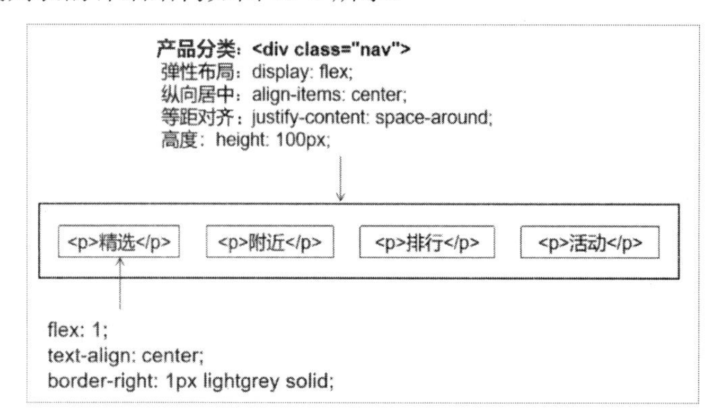

图 13-6

（5）产品列表的详细结构如图 13-7 所示。

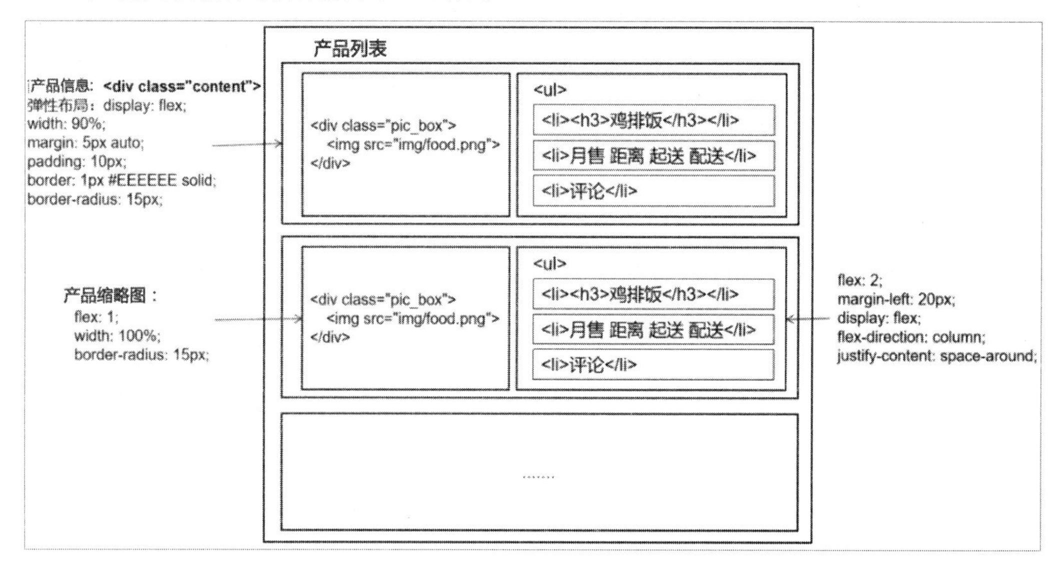

图 13-7

（6）导航栏的详细结构如图 13-8 所示。

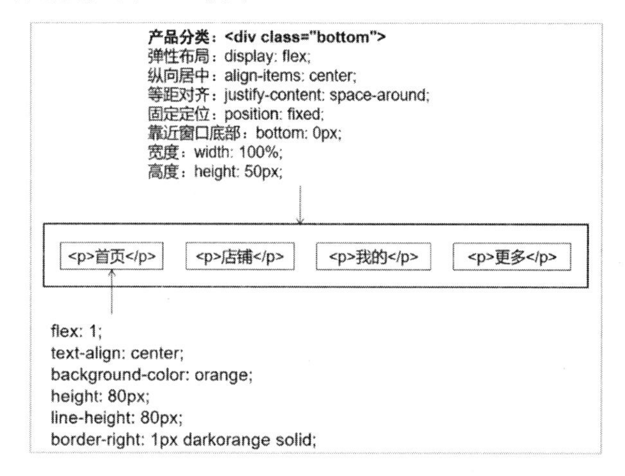

图 13-8

13.4　实验实施（跟我做）

13.4.1　步骤一：创建项目

使用 HBuilder 新建 Web 项目，项目名称为 food_delivery。在 food_delivery 项目中创建以下文件和文件夹。

- index.html 文件。
- css 文件夹，在该文件夹中新建 index.css 文件。
- img 文件夹，将图片素材 banner.png 和 food.png 导入该文件夹中。
- font 文件夹，将字体文件 1.TTF 导入该文件夹中。

food_delivery 项目的目录结构如图 13-9 所示。

图 13-9

13.4.2　步骤二：搭建页面主体结构

（1）编辑 index.html 文件。

- 在<title>标签中添加网页标题。
- 在<head>标签中使用<link>标签引入 CSS 的外部样式链接。
- 在<body>标签中创建页面顶部标签<div class="top">、Banner 图标签<div class="banner">、产品分类标签<div class="nav">、产品信息标签<div class="content">和页面导航标签<div class="bottom">。

```
<!--HTML 文档声明-->
<!DOCTYPE HTML PUBLIC "-//W3C//DTD HTML 4.01 Transitional//EN">
<html>
  <head>
     <meta charset="utf-8">
     <link rel="stylesheet" href="css/index.css" /> <!--链接外部样式-->
     <title>外卖网</title>                          <!--页面标题-->
  </head>
  <body>
     <div class="top"></div>                        <!--页面顶部-->
     <div class="banner"></div>                     <!--Banner 图-->
     <div class="nav"></div>                        <!--产品分类-->
     <div class="content"></div>                    <!--产品信息-->
     <div class="content"></div>                    <!--产品信息-->
     <div class="content"></div>                    <!--产品信息-->
     <div class="content"></div>                    <!--产品信息-->
     <div class="content"></div>                    <!--产品信息-->
     <div class="bottom"></div>                     <!--页面导航-->
  </body>
```

```
</html>
```

（2）编辑 index.css 文件，设置网页全局样式。

- 清除页面默认的内边距和外边距（使用通配符选择器获取页面所有元素）。
- 清除列表默认样式。
- 清除超链接默认下画线。
- 使用自定义字体设置文本的字体。

```
*{
   margin: 0;
   padding: 0;
   list-style: none;
   text-decoration: none;
   font-family: myfont;
}
/*自定义字体*/
@font-face {
   font-family:myfont;
   src: url('../font/1.TTF');
}
```

13.4.3　步骤三：搭建页头

（1）编辑 index.html 文件。

- 在<div class="top">标签中添加<h1>标签，将其作为页面 Logo。
- 在<div class="top">标签中添加<form>标签，将其作为搜索栏。
- 在<form>标签中添加<input>标签，将其作为文本框，设置 type="search"。
- 在<form>标签中添加<button>标签作，将其作为“搜索”按钮，设置 type="button"。

```
<div id="top"><!--页头-->
   <h1>外卖网</h1>
   <form>
       <input type="search">
       <button>快速搜索</button>
   </form>
</div>
```

页面的显示效果如图 13-10 所示。

图 13-10

（2）编辑 index.css 文件，为页头添加样式。

- 页头的样式：先设置为弹性容器，垂直方向居中，水平方向两端对齐，再使用渐变色设置背景，最后设置高度。

```
.top {
   display: flex;
   align-items: center;
   justify-content: space-around;
   background-image: linear-gradient(to bottom right, white, darkorange);
   height: 100px;
}
```

- 搜索栏表单的样式：设置宽度、高度、背景色、内边距和圆角边框。

```
.top form{
   width: 190px;
   height: 20px;
   background-color: white;
   padding: 5px 0px;
   border-radius: 10px;
}
```

- 搜索栏文本框的样式：去除边框线条。

```
.top input {
   border: none;
}
```

- “搜索”按钮的样式：设置背景色、内边距和圆角边框，去除边框线条。

```
.top button {
   background-color: orange;
   padding: 5px;
   border-radius: 10px;
   border: none;
}
```

页头的显示效果如图 13-11 所示。

图 13-11

13.4.4　步骤四：搭建 Banner 图

（1）编辑 index.html 文件，添加 Banner 图。

在<div class="banner">标签中添加<img src="img/banner.png"/>标签。

```
<!--banner 图    -->
<div class="banner">
   <img src="img/banner.png"/>
</div>
```

（2）编辑 index.css 文件，为 Banner 图添加样式。

Banner 图样式：设置图片宽度为 100%。

```
.banner img{
   width: 100%;
}
```

Banner 图的显示效果如图 13-12 所示。

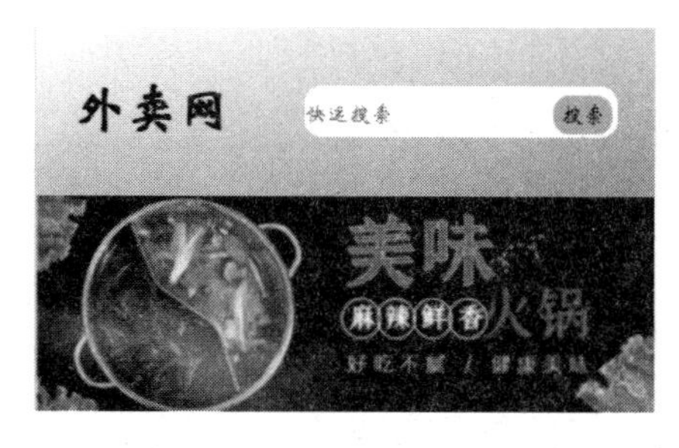

图 13-12

13.4.5 步骤五：搭建产品分类列表

（1）编辑 index.html 文件，添加产品分类列表。

在<div class="nav">标签中添加 4 个<p>标签。

```
<!--产品分类列表-->
<div class="nav">
   <p>精选</p>
   <p>附近</p>
   <p>排行</p>
   <p>活动</p>
</div>
```

（2）编辑 index.css 文件，为产品分类列表添加样式。

- 产品分类列表：设置为弹性布局，等距对齐，垂直方向居中。

```
.nav{
   display: flex;
   justify-content: space-around;
   align-items: center;
   height: 50px;
}
```

- 产品分类列表项：设置弹性元素属性 flex:1，使所有列表项大小相等，文字居中，前 3 个列表项元素设置右侧边框。

```
.nav p{
   flex: 1;
   text-align: center;
}
.nav p:nth-child(-n+3){
   border-right: 1px lightgrey solid;
}
```

产品分类列表的显示效果如图 13-13 所示。

图 13-13

13.4.6 步骤六：搭建产品列表

（1）编辑 index.html 文件，添加产品列表。

- 在<div class="content">标签中添加<div class="pic_box">标签，并将其作为产品列表缩略图部分。
- 在<div class="pic_box">标签中添加<img src="img/food.png"/>标签，用于显示缩略图。

- 在<div class="content">标签中添加<ul>标签，用于显示产品信息。
- 在<ul>标签中添加3个<li>标签。
- 在第一个<li>标签中添加<h3>标签，用于显示产品名称。
- 在第二个<li>标签中添加月销售量、配送距离、起送金额和配送费的文字信息。
- 在第三个<li>标签中添加评论摘要。

```
<!--产品列表-->
<div class="content">
   <div class="pic_box">
      <img src="img/food.png">
   </div>
   <ul>
      <li>
            <h3>鸡排饭</h3>
      </li>
      <li>
            月售 1244    距离 20 千米<br/>
            起送 ￥20     配送￥3
      </li>
      <li>
            招牌照烧鸡排饭很美味......
      </li>
   </ul>
</div>
```

（2）编辑 index.css 文件，为产品列表添加样式。

- 产品列表：先设置为弹性布局，再设置宽度、外边距、内边距、边框和圆角边框。

```
.content {
   display: flex;
   width: 90%;
   margin: 5px auto;
   padding: 10px;
   border: 1px #EEEEEE solid;
   border-radius: 15px;
}
```

- 产品缩略图：先设置弹性元素属性 flex:1，再设置图像宽度（100%）和圆角边框。

```
.pic_box{
   flex: 1;
}
.pic_box img {
   width: 100%;
   border-radius: 15px;
}
```

- 产品信息：先设置弹性元素属性 flex:2，再设置弹性容器，主轴方向为纵向，且等距排列，最后设置左外边距。

```
.content ul {
   flex: 2;
   display: flex;
   flex-direction: column;
   justify-content: space-around;
   margin-left: 20px;
}
```

● 产品名称：设置文字颜色和透明度。

```
.content ul h3{
  color: red;
  opacity: 0.6;
}
```

产品列表的显示效果如图 13-14 所示。

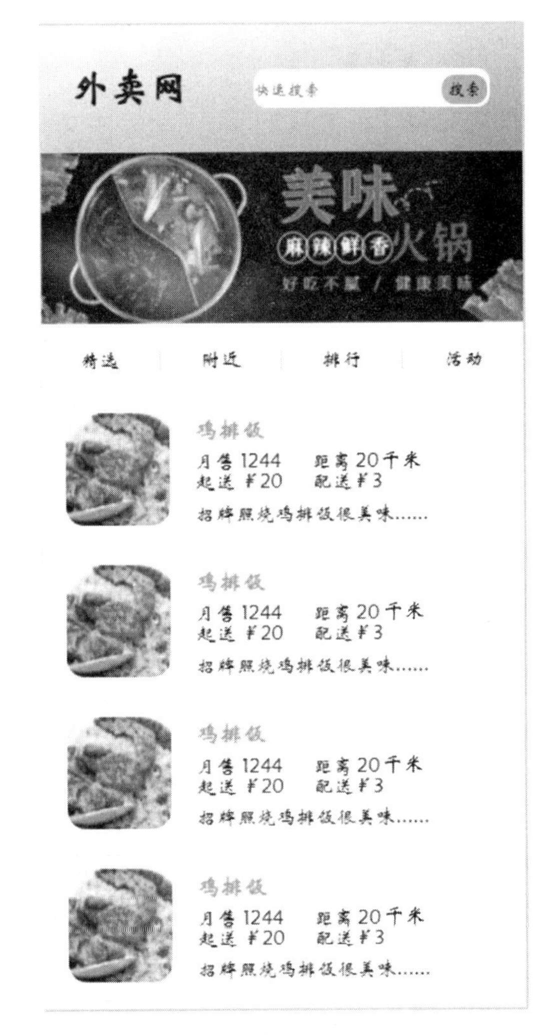

图 13-14

13.4.7 步骤七：搭建页脚

（1）编辑 index.html 文件，添加页脚的导航栏。

在<div class="bottom">标签中添加 4 个<p>标签。

```
<!--页脚-->
<div class="bottom">
   <p>首页</p>
   <p>店铺</p>
   <p>我的</p>
   <p>更多</p>
</div>
```

（2）编辑 index.css 文件，为导航栏添加样式。

- 导航栏：先设置为弹性布局，等距对齐，垂直方向居中；再设置固定定位，靠近窗口底部；最后设置宽度和高度。

```
.bottom{
  display: flex;
  justify-content: space-around;
  align-items: center;
  position: fixed;
  bottom: 0px;
  width: 100%;
  height: 50px;
}
```

- 导航栏列表项：设置弹性元素属性 flex:1，使所有列表项大小相等，文字居中，前 3 个列表项元素设置右侧边框。

```
.bottom p{
  flex: 1;
  text-align: center;
  background-color: orange;
  height: 80px;
  line-height: 80px;
}
.bottom p:nth-child(-n+3){
  border-right: 1px darkorangesolid;
}
```

页脚的显示效果如图 13-15 所示。

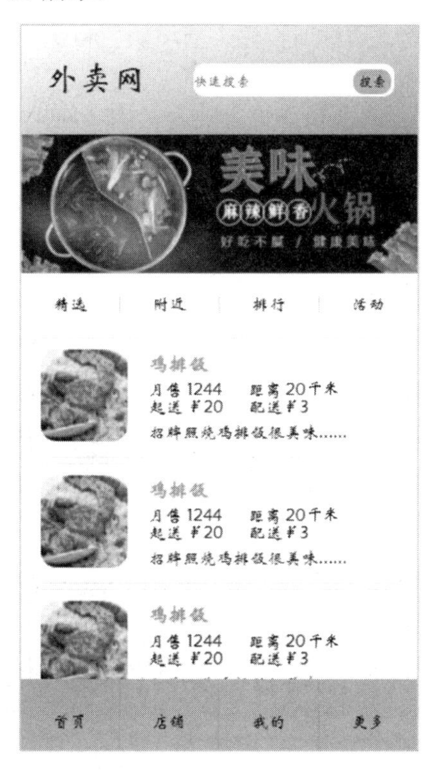

图 13-15

第 14 章 HTML/HTML5+CSS/CSS3：摄影网站

14.1 实验目标

（1）理解项目的业务背景，调研摄影网站的功能，并设计页面。

（2）掌握 HTML 文本标签、头部标记、超链接和表单的功能。

（3）掌握 CSS 选择器、单位、字体样式、文本样式、颜色、背景、区块和网页布局等特性的功能。

（4）了解 CSS3 新增选择器、边框新特性、新增颜色和字体、新增特性、弹性布局的使用方法。

（5）具备网页设计、开发、调试和维护等能力，综合应用网页设计和制作技术开发摄影网站。

本章的知识地图如图 14-1 和图 14-2 所示。

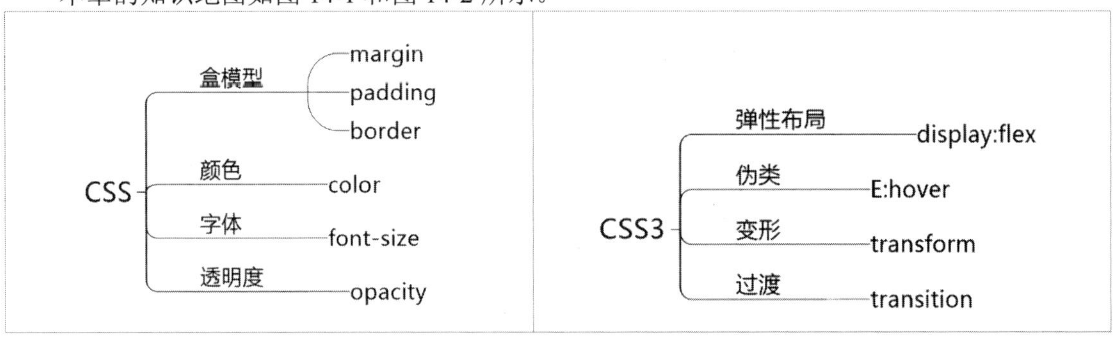

图 14-1　　图 14-2

14.2 实验任务

创建一个摄影网站。

网站首页的效果如图 14-3 所示。

图 14-3

14.3　设计思路

本实验的资源文件夹中包含的内容如表 14-1 所示。

表 14-1

序　号	文件名称	说　明
1	index.html	网站首页 HTML 文件
2	css/main.css	网站首页 CSS 样式文件
3	images	网站图片资源文件

首页的布局如图 14-4 所示。

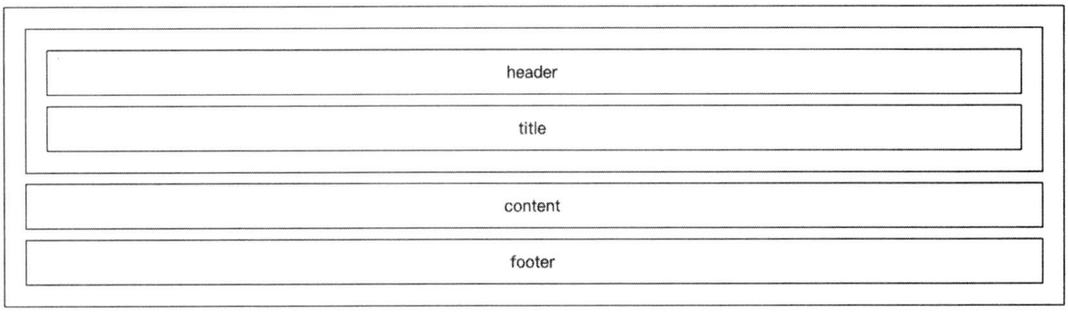

header

title

content

footer

图 14-4

创建网站的步骤如下。

- 创建 HTML 文件，命名为 index.html，并将其作为网站首页。
- 在<body>标签中添加页头、横幅、菜单和主体等部分的内容。

14.4 实验实施（跟我做）

14.4.1 步骤一：创建网站首页

（1）创建网站首页，命名为 index.html。

```
<!DOCTYPE html>
<html>
<head>
     <meta charset="UTF-8">
     <title>Title</title>
</head>
<body>
     ......
</body>
</html>
```

（2）在<body>标签中定义<div class="content">标签，用来表示网站的主要内容。

```
<div class="content"></div>
```

（3）在主要内容中添加两个<article>标签，分别表示页头和主体部分。

```
<article class="top"></article>
<article class="main"></article>
```

（4）在<article class="top">标签中定义<header>标签表示页头，用于展示页面 Logo 等内容。

```
<header class="topheader">
   <div>
       <h2>Logo</h2>
   </div>
   <a href="#">首页</a>
</header>
```

（5）在<article class="top">标签中定义<h1>标签表示标题，用于展示页面标语和二级标题等内容。

```
<h1>首页标语<br/>二级标题<b>关键字</b></h1>
```

（6）在<article class="main">标签中定义<ul>标签表示图片列表，用来展示摄影图片信息。

```
<ul class="content">
```

```
    <li><img src="images/a.JPG"/><p>图片标题</p><p>Art Work</p></li>
    <li><img src="images/b.JPG"/><p>图片标题</p><p>Art Work</p></li>
    <li><img src="images/c.JPG"/><p>图片标题</p><p>Art Work</p></li>
    <li><img src="images/d.JPG"/><p>图片标题</p><p>Art Work</p></li>
    <li><img src="images/e.JPG"/><p>图片标题</p><p>Art Work</p></li>
    <li><img src="images/f.JPG"/><p>图片标题</p><p>Art Work</p></li>
    <li><img src="images/g.JPG"/><p>图片标题</p><p>Art Work</p></li>
    <li><img src="images/h.JPG"/><p>图片标题</p><p>Art Work</p></li>
    <li><img src="images/i.JPG"/><p>图片标题</p><p>Art Work</p></li>
</ul>
```

（7）在<div class="content">标签中添加页脚，用于保存版权信息。

```
<footer>
    <small>
        版权所有 © 2020-2021 摄影网站
    </small>
</footer>
```

14.4.2　步骤二：添加 CSS 样式

（1）新建 main.css 文件。

（2）在首页中引入 main.css 文件。

```
<head>
    <meta charset="UTF-8">
    <title>Title</title>
    <link type="text/css" rel="stylesheet" href="./css/main.css">
</head>
```

（3）编辑 main.css 文件，为页面添加公用样式。

```
/*覆盖浏览器的默认样式*/
* {
    margin: 0;
    padding: 0;
    box-sizing: border-box;
}

/*设置内边距*/
body {
    padding: 0 calc((100% - 1270px) / 2);
}

/*清除列表默认前缀，字体颜色为#9ba2b4*/
ul, li {
    list-style-type: none;
    color: #9ba2b4;
}

/*设置链接字体的颜色为#a2a6ad，取消下画线*/
a {
    color: #a2a6ad;
    text-decoration: none;
}
```

```
/*设置链接浮动颜色为#58ffe1*/
a:hover {
    color: #58ffe1;
}

/*设置标题文本的字号为 80 像素，上外边距为 40 像素*/
h1 {
    font-size: 80px;
    margin-top: 40px;
}

/*设置加粗字体的颜色为#4bc3c4*/
b {
    color: #4bc3c4;
}

/*设置头部区域的宽度为 100%*/
.top {
    width: 100%;
}

/*设置头部区域的宽度为 100%，弹性布局，两端对齐，上外边距为 40 像素，上、下内边距为 0，左、右内边距为 10%*/
.top header {
    width: 100%;
    display: flex;
    justify-content: space-between;
    margin-top: 40px;
    padding: 0 10%;
}

.top font {
    color: #a2a6ad;
}

/*设置内容区域采用弹性布局，垂直显示*/
.main {
    display: flex;
    flex-direction: column;
}

.top ul {
    width: 100%;
    display: flex;
}

.top ul li {
    margin: 40px 0 30px 0;
}

/*设置内容区域采用弹性布局，行显示，自动换行*/
.content {
```

```
    display: flex;
    flex-direction: row;
    flex-wrap: wrap;
}

/*设置内容区域 li 元素的宽度为 33.3%，超出部分隐藏，相对定位*/
.content li {
    width: 33.3%;
    overflow: hidden;
    position: relative;
}

.content li:hover p:nth-of-type(1) {
    transform: translateY(-30px);
    transition: all 0.5s ease;
    opacity: 1;
    font-size: 24px;
}

.content li:hover p:nth-of-type(2) {
    transform: translateY(20px);
    transition: all 0.5s ease;
    opacity: 0.8;
    font-size: 24px;
}

/*设置内容区域图片为块级元素，外边距为 0，宽度为 100%，动画为 0.6 秒*/
.content li img {
    display: block;
    margin: 0;
    width: 100%;
    transition: all 0.6s;
}

.content li img:hover {
    transform: scale(1.5);
}

/*设置内容区域文字为绝对定位，左侧为 50 像素，底部为 80 像素，字号为 18 像素，颜色为#efefef，
动画为 0.6 秒，并且设置为透明*/
.content li p {
    position: absolute;
    left: 50px;
    bottom: 80px;
    font-size: 18px;
    color: #efefef;
    transition: all 0.6s;
    opacity: 0;
}

/*设置页脚的上、下外边距为 50 像素，左、右外边距为 10%*/
footer {
```

```
    margin: 50px 10%;
}

.article {
    display: flex;
    flex-direction: row;
    align-items: center;
}
```

第 15 章 HTML/HTML5+CSS/CSS3：线上点单网站

15.1 实验目标

（1）熟悉 CSS3 选择器、边框新特性、颜色和字体的功能。

（2）综合应用 CSS3 新特性美化移动端静态网页技术开发线上点单网站。

本章的知识地图如图 15-1 所示。

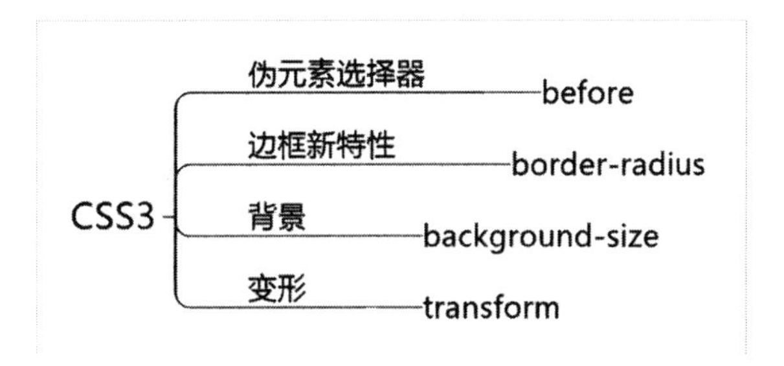

图 15-1

15.2 实验任务

创建一个线上点单网站。

网站首页的页面效果如图 15-2 所示。

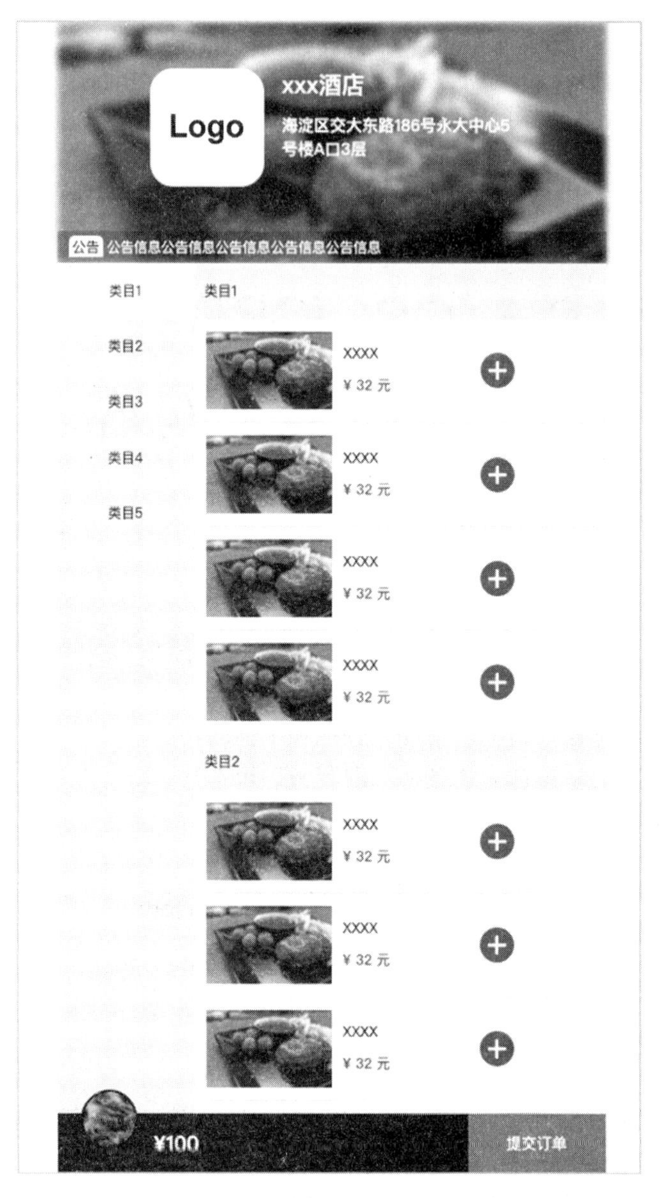

图 15-2

15.3 设计思路

本实验的资源文件夹中包含的内容如表 15-1 所示。

表 15-1

序　　号	文 件 名 称	说　　明
1	index.html	网站首页 HTML 文件
2	css/main.css	网站首页 CSS 样式文件
3	css/custom.css	公用 CSS 样式文件
4	images	网站图片资源文件

网站首页的页面布局如图 15-3 所示。

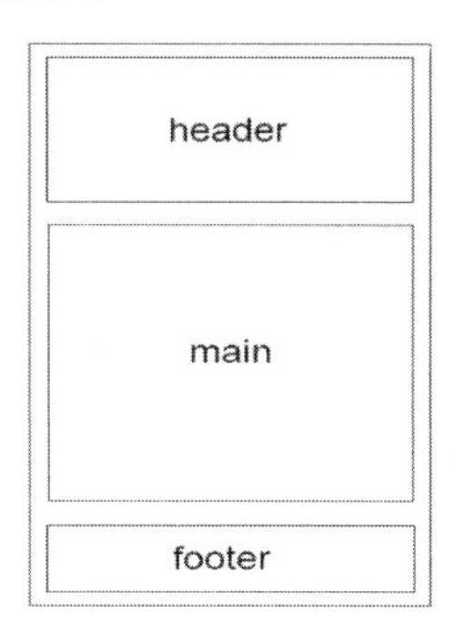

图 15-3

创建网站的步骤如下。

- 新建 HTML 文件，命名为 index.html，并作为网站首页的页面文件。
- 在<body>标签中添加页头、主图、主体和页脚等内容。

15.4 实验实施（跟我做）

15.4.1 步骤一：创建网站首页

（1）新建 HTML 文件，命名为 index.html。

```
<! DOCTYPE HTML PUBLIC "-//W3C/ /DTD HTML 5.0 1 Transitional/ /EN">
<html>
<head>
    <!--添加视口-->
    <meta  name="viewport"  content="width=device-width,  user-scalable=no,
initial-scale=1.0, maximum-scale=1.0, minimum-scale=1.0">
    <meta charset="utf-8">
    <title>线上点单网站</title>
</head>
<body>
    ……
</body>
</html>
```

（2）编写页头。在页面文档的<body>标签中定义<header>标签，用于保存页头的内容。

```
<header style="position: relative;display: flex;justify-content: center;color:
white;padding: 40px 0 50px 0;">
    <div class="leftlogo" style="display: flex;justify-content:center;align-
items: center;">
        <h1 style="color: black">Logo</h1>
    </div>
    <div class="righttitle">
        <h1 style="font-size:20px;">xxx 酒店</h1>
        <h2>海淀区交大东路 186 号永大中心 5 号楼 A 口 3 层</h2>
    </div>
    <div class="bulletin">
        <span style="background: white;border-radius: 5px 5px 0 0;font-size:
12px;padding: 1px 3px 0 3px;margin-left: 10px;color: black;">公告</span>
```

```
            公告信息公告信息公告信息公告信息公告信息
        </div>
    </header>
```

（3）编写页面左侧的类目菜单。在页面文档的<body>标签中定义<main>标签，用于保存网站首页的侧边栏和商品内容。

```
    <main>
        <ul class="left-area" style="width: 25%;height: 100%;background: #eee;border-
right: rgba(220,220,220,0.55) 1px solid;">
            <li>类目 1</li>
            <li>类目 2</li>
        </ul>
    </main>
```

（4）编写页面商品栏目。在<main>标签中添加<div>标签，用于展示商品栏目。

```
    <div class="right-area" style="width:75%;">
    <ul>
            <li>
                <!--标题-->
                <div class="class-title">类目 1</div>
                <!--单个商品区域-->
                <div class="item">
                    <div class="item-left">
                        <img src="images/01.png">
                    </div>
                    <div class="item-right">
                        <div class="title">XXXX</div>
                        <div class="price">¥ 32 元</div>
                    </div>
                    <div class="item-ico">
                        <span>+</span>
                    </div>
                </div>
                <div class="item">
                    <div class="item-left">
                        <img src="images/01.png">
                    </div>
                    <div class="item-right">
                        <div class="title">XXXX</div>
                        <div class="price">¥ 32 元</div>
                    </div>
                    <div class="item-ico">
                        <span>+</span>
                    </div>
                </div>
                <div class="item">
                    <div class="item-left">
                        <img src="images/01.png">
                    </div>
                    <div class="item-right">
                        <div class="title">XXXX</div>
                        <div class="price">¥ 32 元</div>
                    </div>
```

```
                <div class="item-ico">
                    <span>+</span>
                </div>
            </div>
            <div class="item">
                <div class="item-left">
                    <img src="images/01.png">
                </div>
                <div class="item-right">
                    <div class="title">XXXX</div>
                    <div class="price">¥ 32 元</div>
                </div>
                <div class="item-ico">
                    <span>+</span>
                </div>
            </div>
        </li>
</ul>
</div>
```

（5）编写页脚。在<body>标签中添加<footer>标签，用于保存商品总价和“提交订单”按钮。

```
<footer style="display:flex;justify-content: space-between;z-index: 1;">
    <div style="display: flex">
        <i class="shopico" style="display:block;width: 50px;height: 50px;"></i>
        <h2 class="shopprice" style="padding-left: 15px;">¥100</h2>
    </div>
    <button class="shopbut">
        提交订单
    </button>
</footer>
```

15.4.2　步骤二：添加 CSS 样式

（1）新建 custom.css 文件。

（2）新建 main.css 文件。

（3）在 index.html 文件中引入 main.css 文件和 custom.css 文件。

```
<head>
<meta charset="utf-8">
<title>线上点单网站</title>
<link rel="stylesheet" href="./css/main.css">
<link rel="stylesheet" href="./css/custom.css">
</head>
```

（4）编辑 custom.css 文件，为页面添加公用样式。

```
/*覆盖浏览器默认样式*/
* {
    margin: 0;
    padding: 0;
    box-sizing: border-box;
}

/*设置页面高度，撑满整个屏幕*/
html {
```

```
    height: 100%;
}

/*弹性布局，垂直排列，高度为100%，宽度为480像素，居中，字号为12像素*/
body {
    position: relative;
    display: flex;
    flex-direction: column;
    height: 100%;
    max-width: 480px;
    margin: auto;
    font-size: 12px;
}

/*清除列表默认前缀*/
ul, li {
    list-style-type: none;
}

/*设置图片高度为100%，居中裁剪*/
img{
    height: 100%;
    object-fit: cover;
}
```

（5）编辑main.css文件，添加首页的页面样式。

```
/*设置页头区域，字体颜色为白色，同时设置内边距*/
header {
    color: white;
    padding: 40px 0 50px 0;
}

/*设置页头背景图遮罩的模糊效果*/
header:before {
    content: '';
    position: absolute;
    left: 0;
    right: 0;
    top: 0;
    bottom: 0;
    width: 100%;
    height: 100%;
    background: url("../images/01.png") no-repeat;
    background-size: cover;
    filter: blur(3px);
    z-index: -1;
}

/*Logo的样式：弹性布局，左右居中，上下居中，同时设置外边距、宽度、高度、背景色、边框弧度*/
.leftlogo {
    display: flex;
    justify-content: center;
    align-items: center;
```

```
    margin: 0 15px 15px 0;
    width: 100px;
    height: 100px;
    background: white;
    border-radius: 20px;
}

/*公告区域采用绝对定位，同时设置宽度、背景色和内边距*/
.bulletin {
    position: absolute;
    bottom: 0;
    width: 100%;
    background: rgba(0, 0, 0, .3);
    padding: 5px 0;
}

.righttitle h2 {
    width: 200px;
    font-size: 14px;
    line-height: 20px;
    margin-top: 10px;
}

/*页面中间区域的布局*/
main {
    display: flex;
    flex-wrap: nowrap;
    width: 100%;
    flex: 1;
    overflow: hidden;
}

.left-area li {
    display: flex;
    justify-content: center;
    padding: 15px 0;
}

/*[End]*/

.class-title {
    padding: 15px 10px;
    background: #eee;
}

.item {
    padding: 10px;
    display: flex;
    border: 1px solid #eee;
}

.item-left {
```

```
    width: 110px;
    height: 66px;
    overflow: hidden;
}

.item-right {
    padding: 0 10px;
}

.item-right > * {
    margin-top: 10px;
}

/*添加商品按钮*/
.item-ico {
    display: flex;
    justify-content: center;
    align-items: center;
    width: 30px;
    height: 30px;
    color: white;
    background: #cc3300;
    border-radius: 50%;
    font-size: 30px;
    margin: auto;
}

.item-ico span {
    transform: translateY(-3px);
}
/*[End]*/

footer {
    position: absolute;
    bottom: 0;
    width: 100%;
    height: 50px;
    background: #070f1a;
}

/*商品图片*/
.shopico {
    margin-top: -20px;
    margin-left: 20px;
    border-radius: 50%;
    background: url("../images/02.png") no-repeat;
    background-size: cover;
    border: 2px solid black;
}

/*商品总价的样式*/
.shopprice {
```

```
    margin: auto;
    color: white;
    font-weight: 600;
}

/*设置“提交订单”按钮的背景色、字体颜色和宽度，清除默认边框*/
.shopbut {
    background: #f55331;
    border: none;
    color: white;
    width: 120px;
}
```

第 16 章 HTML/HTML5+CSS/CSS3：魔方相册

16.1 实验目标

（1）理解 CSS3 新特性。

（2）熟练掌握 CSS3 动画效果。

（3）综合应用 CSS3 新特性、动画和布局等技术开发魔方相册。

本章的知识地图如图 16-1 所示。

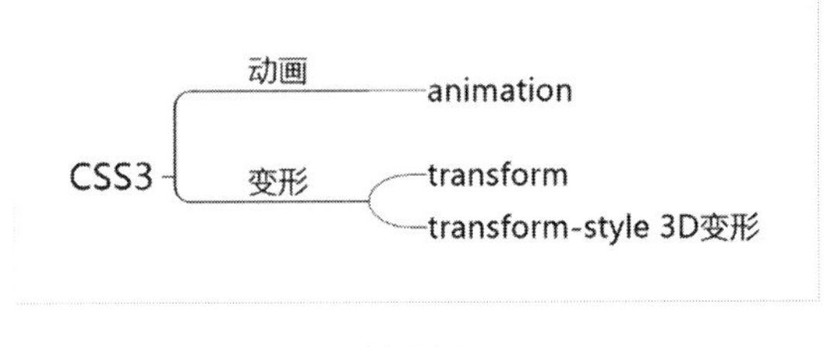

图 16-1

16.2 实验任务

通过 CSS3 动画用魔方形式展示图片。

页面效果如图 16-2 所示。

图 16-2

16.3　设计思路

本实验的资源文件夹中包含的内容如表 16-1 所示。

表 16-1

序　　号	文 件 名 称	说　　明
1	css/style.css	页面样式文件
2	images	图片资源文件
3	index.html	魔方相册页面文件

16.4　实验实施（跟我做）

16.4.1　步骤一：HTML 布局

创建魔方相册的 HTML 文件，使用 HTML5 头部声明<!DOCTYPE html>。

```
<!DOCTYPE HTML PUBLIC "-//W3C/ /DTD HTML 4.0 1 Transitional/ /EN">
<html>
<head>
 <meta charset="UTF-8">
 <meta name="viewport" content="width=device-width, initial-scale=1.0">
 <meta http-equiv="X-UA-Compatible" content="ie=edge">
 <title>魔方相册</title>
</head>
<body>
</body>
</html>
```

16.4.2　步骤二：搭建魔方相册主体

（1）在<body>标签中使用<div>标签搭建魔方相册的外部容器。

（2）使用<img>标签引入图片路径。

```
<body>
<!--创建一个外部容器-->
  <div class="cube">
    <!--引入图片-->
    <div class="box1">
      <img src="./img/1.jpg">
    </div>
    <div class="box2">
      <img src="./img/2.jpg">
    </div>
    <div class="box3">
      <img src="./img/3.jpg">
    </div>
    <div class="box4">
      <img src="./img/4.jpg">
    </div>
    <div class="box5">
```

```
      <img src="./img/5.jpg">
    </div>
    <div class="box6">
      <img src="./img/6.jpg">
    </div>
  </div>
</body>
```

页面效果如图 16-3 所示。

图 16-3

16.4.3 步骤三：添加 CSS 样式

（1）新建 style.css 文件。

（2）在 index.html 文件中引入 style.css 文件。

```
<link rel="stylesheet" href="css/style.css">
```

（3）设置 3D 效果的视距 perspective 为 800 像素。

```
html {
  perspective: 800px;
}
```

（4）设置外部容器 cube 的宽度和高度，并且位置居中。

```
.cube {
  width: 200px;
  height: 200px;
  margin: 100px auto;
}
```

（5）设置外部容器 cube 为 3D 变形效果。

```
.cube {
  width: 200px;
  height: 200px;
  margin: 100px auto;
  /*设置 3D 变形效果*/
  transform-style: preserve-3d;
}
```

（6）为外部容器 cube 添加动画效果。

```
.cube {
  width: 200px;
  height: 200px;
  margin: 100px auto;
  /*设置 3D 变形效果*/
  transform-style: preserve-3d;
  /*设置动画效果为 rotate，旋转时间为 20 秒，旋转次数为重复旋转，旋转速度为匀速*/
animation: rotate 20s infinite linear;
}
```

（7）设置@keyframes 规则，创建 rotate 动画。

```
@keyframes rotate {
/*沿 X 轴、Z 轴各旋转 1 圈*/
  form {
    transform: rotateX(0)  rotateZ(0);
  }
  to {
    transform: rotateX(1turn)  rotateZ(1turn);
  }
}
```

（8）先设置内部容器 div 的宽度和高度均为 200 像素，再为元素设置透明效果，最后设置定位属性为绝对定位。

（9）设置图片的宽度和高度均为 200 像素，图片元素采用顶端对齐。

```
.cube > div {
  width: 200px;
  height: 200px;
  /*为元素设置透明效果*/
  opacity: 0.7;
  position: absolute;
}
img {
  vertical-align: top;
```

```
  width: 200px;
  height: 200px;
}
```

（10）先设置引入图片的旋转角度，再设置左右两张图片沿 Y 轴旋转 90°，且向左位移 100 像素。

```
.box1 {
  transform: rotateY(90deg) translateZ(100px);
}
.box2 {
  transform: rotateY(-90deg) translateZ(100px);
}
```

（11）先设置引入图片的旋转角度，再设置上下两张图片沿 X 轴旋转 90°，且向左位移 100 像素。

```
.box3 {
  transform: rotateX(90deg) translateZ(100px);
}
.box4 {
  transform: rotateX(-90deg) translateZ(100px);
}
```

（12）先设置引入图片的旋转角度，再设置前后两张图片沿 Y 轴旋转 90°，且向左位移 100 像素。

```
.box5 {
  transform: rotateY(180deg) translateZ(100px);
}

.box6 {
  transform: rotateY(0deg) translateZ(100px);
}
```

第 17 章 HTML/HTML5+CSS/CSS3：简易地球仪

17.1 实验目标

（1）理解 CSS3 新特性。

（2）熟练掌握 CSS3 动画效果。

（3）综合应用 CSS3 新特性、动画和布局等技术开发简易地球仪。

本章的知识地图如图 17-1 所示。

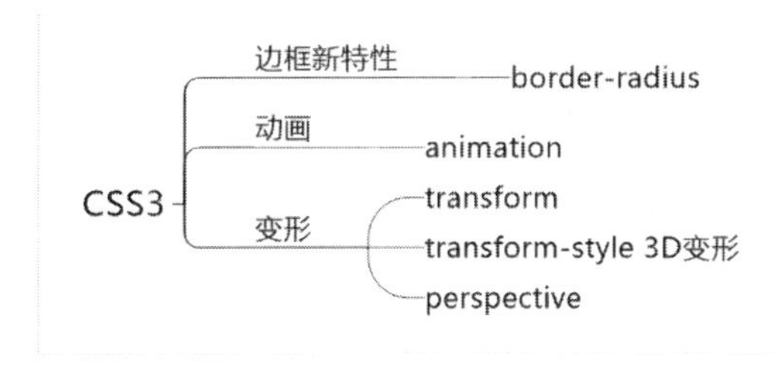

图 17-1

17.2 实验任务

通过 CSS3 动画实现简易地球仪旋转的效果。

页面效果如图 17-2 所示。

图 17-2

17.3 设计思路

本实验的资源文件夹中包含的内容如表 17-1 所示。

表 17-1

序　　号	文 件 名 称	说　　明
1	css/style.css	页面样式文件
2	img	图片资源文件
3	index.html	地球仪页面文件

17.4 实验实施（跟我做）

17.4.1 步骤一：HTML 布局

新建 index.html 文件，使用 HTML5 头部声明<!DOCTYPE html>，并引入 style.css 样式文件。

```
<!DOCTYPE html>
<html lang="en">
<head>
    <meta charset="UTF-8">
    <title>简易地球仪</title>
    <link rel="stylesheet" href="./css/style.css">
</head>
<body>
</body>
</html>
```

17.4.2 步骤二：搭建简易地球仪的外部容器

在<body>标签中使用<div>标签搭建简易地球仪的外部容器。

```
<body>
    <div class="ball"></div>
</body>
```

17.4.3 步骤三：添加 CSS 样式

（1）编辑 style.css 文件。

（2）设置 body 元素的宽度为 500 像素，位置居中，并设置 body 元素的背景图片。

```
body {
  width: 500px;
  margin: 20px auto;
  background-image: url(.../img/1.jpg);
}
```

（3）设置容器 ball 的布局为相对布局，宽度和高度均为 500 像素，且位置居中。

```
.ball {
  position: relative;
  width: 500px;
```

```
  height: 500px;
  margin: 100px auto;
}
```

（4）为容器 ball 添加圆角的边框值，使其为圆形，并添加背景图片。

```
.ball {
  border-radius: 50%;
  background: url('.../img/2.jpg');
}
```

（5）设置容器 ball 的视距为 1200 像素，并设置动画为 3D 效果。

```
.ball {
  perspective: 1200px;
  transform-style: preserve-3d;
}
```

（6）设置容器 ball 的 animation 属性为 rotate，时间为 20 秒，并且采用匀速循环播放。

```
.ball {
   animation: rotate 20s infinite linear;
}
```

（7）设置@keyframes 规则，并创建 rotate 动画。

```
@keyframes rotate {
  0% {
      background-position: -900px 0;
  }
  100% {
      background-position: 0 0;
  }
}
```

第 18 章 HTML/HTML5+CSS/CSS3：个人博客

18.1 实验目标

（1）理解项目的业务背景，调研个人博客的功能，并设计页面。

（2）掌握 HTML 文本标签、头部标记、超链接和表单的功能。

（3）掌握 CSS 选择器、单位、字体样式、文本样式、颜色、背景、区块和网页布局的功能。

（4）了解 CSS3 新增选择器、边框新特性、新增颜色和字体的功能，以及新增特性、弹性布局的使用方法。

（5）具备网页设计、开发、调试和维护等能力，综合应用网页设计和制作技术开发个人博客。

本章的知识地图如图 18-1 所示。

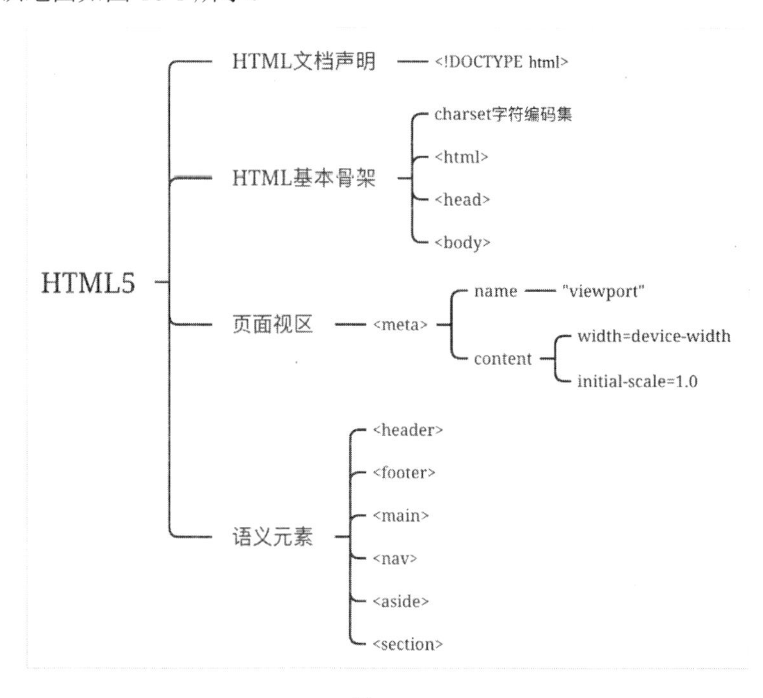

图 18-1

18.2　实验任务

创建一个个人博客。

个人博客首页的效果如图 18-2 所示。

图 18-2

18.3　设计思路

本实验的资源文件夹中包含的内容如表 18-1 所示。

表 18-1

序　　号	文 件 名 称	说　　明
1	index.html	个人博客首页的 HTML 文件
2	css/main.css	个人博客首页的 CSS 样式文件
3	images	个人博客图片资源文件

个人博客首页的布局如图 18-3 所示。

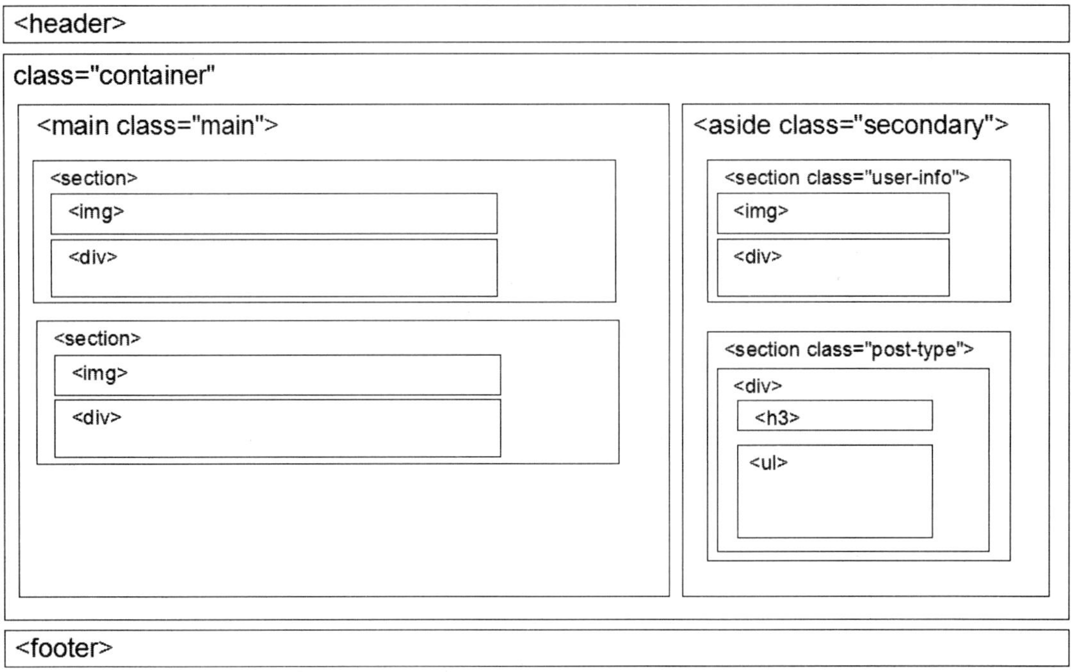

<header>
class="container"
<main class="main">
<section>
<img>
<div>
<section>
<img>
<div>
<aside class="secondary">
<section class="user-info">
<img>
<div>
<section class="post-type">
<div>
<h3>
<ul>
<footer>

图 18-3

18.4 实验实施（跟我做）

18.4.1 步骤一：创建个人博客首页

（1）创建个人博客首页，命名为 index.html。

```
< ! DOCTYPE HTML PUBLIC "-//W3C/ /DTD HTML 5.0 1 Transitional/ /EN">
<html>
<head>
 <meta charset="utf-8">
 <meta name="viewport" content="width=device-width, user-scalable=no,
initial-scale=1.0, maximum-scale=1.0, minimum-scale=1.0">
 <meta http-equiv="X-UA-Compatible" content="ie=edge">
 <title>个人博客</title>
</head>
<body>
……
</body>
</html>
```

（2）编写页头。在页面文档的<body>标签中定义<header>标签表示页头，用于保存页面 Logo 和导航等内容。

```
<header>
    <nav class="page_top">
        <div><h1 class="yxh-logo">我的博客</h1></div>
        <div class="nav-menu">
```

```
            <a href="#">首页</a>
            <a href="#">留言</a>
        </div>
    </nav>
</header>
```

（3）编写页面的主要内容。在<body>标签中定义<div class="container">标签，用来展示页面的主要内容。

```
<div class="container">
……
</div>
```

（4）在<div class="container">标签中定义<main>标签，用来展示左侧的博客列表。

```
<main class="main">
……
</main>
```

（5）在<main>标签中添加博客文章部分，用于展示文章标题和内容等。

```
<section>
    <img src="./images/1.png">
    <div>
        <b>作者：XXX</b>
        <h3>在疫情期间，做好防护，不要心存侥幸。</h3>
        <p>有网民表示，防疫人人有责，疫情期间不能心存侥幸，每个人都有责任和义务如实交代自己
的情况，不给防疫工作添乱。这个时候隐瞒个人状况、违规聚集等行为不仅是...</p>
        <time>2021-10-20</time>
    </div>
</section>
<section>
    <img src="images/2.png">
    <div>
        <b>作者：XXX</b>
        <h3>冻结约2.4万年的微生物成功“复活”</h3>
        <p>综合法新社、美国哥伦比亚广播公司6月8日报道，俄罗斯科学家成功复活一种在西伯利
亚永久冻土层中已被冻结约2.4万年的名为“蛭形轮虫”的微生物，且该微生物复活后可以蠕动和繁殖。相
关研究论文发表在7日的《当代生物学》上。</p>
        <time>2021-06-11</time>
    </div>
</section>
```

（6）在<div class="container">标签中定义<aside>标签，用来展示右侧的博客简介和文章分类。

```
<aside class="secondary">
……
</aside>
```

（7）在<aside>标签中添加博客简介，用于展示个人博客的介绍等内容。

```
<section class="user-info">
    <img src="images/3.png">
    <div style="padding: 20px 30px">
        <h3 style="text-align: center">博客简介</h3>
        <p style="text-align: center">一个记录事务的博客</p>
        <span>邮箱：XXX@XXX.com</span>
    </div>
</section>
```

（8）在<aside>标签中添加文章分类，用于展示个人博客的文章分类。

```
<section class="post-type">
    <div style="padding: 20px 30px">
        <h3>文章分类</h3>
        <ul>
            <li>科技</li>
            <li>风景</li>
            <li>生活</li>
            <li>美食</li>
            <li>植物</li>
        </ul>
    </div>
</section>
```

（9）编写页脚。在页面文档的<body>标签中定义<footer>标签表示页脚，用于保存版权信息。

```
<footer>
    <small>
        版权所有 © 2020-2021
    </small>
</footer>
```

18.4.2　步骤二：添加 CSS 样式

（1）新建 main.css 文件。

（2）在 index.html 文件中引入 main.css 文件。

```
<head>
    <meta charset="UTF-8">
    <meta  name="viewport"  content="width=device-width,  user-scalable=no,
initial-scale=1.0, maximum-scale=1.0, minimum-scale=1.0">
    <meta http-equiv="X-UA-Compatible" content="ie=edge">
    <title>个人博客</title>
    <link rel="stylesheet" href="css/main.css">
</head>
```

（3）编辑 main.css 文件，添加所有页面样式。

```
/*覆盖浏览器默认样式*/
* {
    margin: 0;
    padding: 0;
    box-sizing: border-box;
}

/*标题样式：设置背景，字体颜色为透明，设置动画效果、背景大小，用户禁止选择，标题宽度为 160
像素*/
h1.yxh-logo {
    background-image: url("../images/bo.png");
    color: transparent;
    -webkit-background-clip: text;
    animation: move linear 2s infinite;
    background-size: 100% 85%;
    user-select: none;
    width: 160px;
```

```
}

/*设置动画效果*/
@keyframes move {
    0% {
        background-position-x: -80px;
    }
    100% {
        background-position-x: 0;
    }
}

/*设置 h1 元素的文本的字号为 36 像素*/
h1 {
    font-size: 36px;
}

/*设置图片为块级元素，宽度为 100%，高度为 450 像素*/
img {
    display: block;
    width: 100%;
    height: 450px;
    object-fit: cover;
}

/*设置链接字体取消下画线，颜色为#d1434a，字号为 18 像素*/
a {
    text-decoration: none;
    color: #d1434a;
    font-size: 18px;
    font-weight: 600;
}

/*清除列表默认前缀*/
ul,li{
    list-style-type: none;
}

/*设置顶部区域为弹性布局，两端对齐，上、下内边距为 20 像素，左、右内边距为 10%，并设置阴影*/
.page_top {
  display: flex;
  justify-content: space-between;
  padding: 20px 10%;
  box-shadow: 0 0 8px rgba(207, 204, 201, 0.48);
  }

/*设置导航栏为弹性布局，高度居中*/
.nav-menu {
   display: flex;
   align-items: center;
}
```

```
/*设置导航栏链接的上、下外边距为 0，左、右外边距为 10 像素*/
.nav-menu a {
  margin: 0 10px;
}

/*设置内容区域为弹性布局，两端对齐，自动换行，上、下内边距为 0，左、右内边距为 20 像素，上外边距为 50 像素*/
.container {
  display: flex;
  justify-content: space-around;
  flex-wrap: wrap;
  padding: 0 20px;
  margin-top: 50px;
}

/*设置主要内容区域的宽度为 70%*/
.main {
  width: 70%;
}

.main > section {
  margin-bottom: 40px;
  border: 1px solid rgba(128, 128, 128, 0.22);
}

.main > section > div {
  padding: 35px;
}

.main > section b {
  font-size: 12px;
}

.main > section h3, .secondary .user-info h3 {
  margin: 25px 0;
}

.main > section p, .secondary .user-info p {
  padding-bottom: 50px;
  color: #c3c3c3;
  border-bottom: 1px solid rgba(128, 128, 128, 0.22);
}

.main > section time {
  display: block;
  margin-top: 40px;
  font-size: 14px;
}

/*设置次要内容区域的宽度为 23%*/
.secondary {
  width: 23%;
```

```
}

.secondary section {
    border: 1px solid rgba(128, 128, 128, 0.22);
    margin-bottom: 30px;
}

/*设置次要内容区域图片的高度为200像素*/
.secondary img {
    height: 200px;
}

/*设置次要内容区域span文字为块级元素，上外边距为30像素，字号为12像素*/
.secondary span{
    display: block;
    margin-top: 30px;
    font-size: 12px;
}

.post-type h3{
    margin-bottom: 20px;
}

.post-type li{
    margin-top: 10px;
    cursor: pointer;
}

/*设置页脚为弹性布局，完全居中，上、下内边距为20像素，左、右内边距为0，字体颜色为白色，背景色为#222530*/
footer{
    display: flex;
    align-items: center;
    justify-content: center;
    padding: 20px 0;
    color: white;
    background: #222530;
}
```

第19章 JavaScript+jQuery：Banner轮播图

19.1 实验目标

（1）能在网页中正确引入JavaScript脚本。

（2）能使用JavaScript基本语法、编码规范、数据类型、变量、运算符和流程控制语句等编写JavaScript程序。

（3）能使用JavaScript程序中的函数完成代码的封装和复用。

（4）能使用DOM对象操作网页元素。

（5）能使用JavaScript修改网页元素样式。

（6）能使用JavaScript事件响应用户的交互操作。

（7）综合应用JavaScript编程技术开发Banner轮播图。

本章的知识地图如图19-1所示。

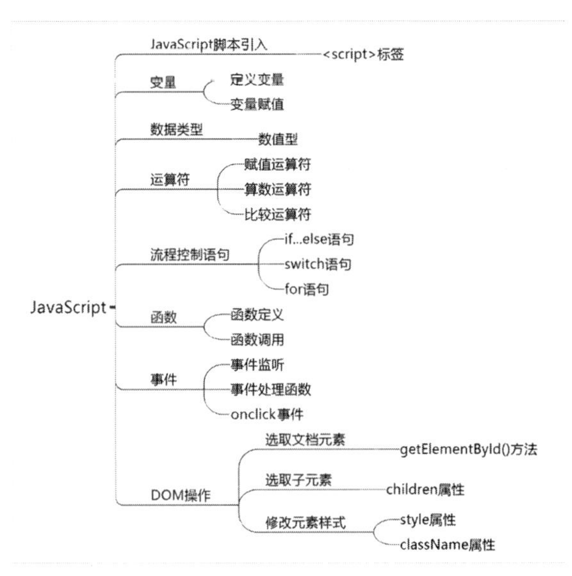

图19-1

19.2　实验任务

实现网站的 Banner 轮播图功能模块，可以在多张 Banner 广告图之间切换显示。

（1）页面上一共有 3 张 Banner 广告图，默认显示第一张 Banner 广告图，隐藏其他 Banner 广告图；Banner 广告图上悬浮着左侧按钮和右侧按钮，以及一个 Banner 导航指示标识。页面效果如图 19-2 所示。

图 19-2

（2）单击左侧按钮，隐藏当前显示的 Banner 广告图，切换显示上一张 Banner 广告图；单击右侧按钮，隐藏当前显示的 Banner 广告图，切换显示下一张 Banner 广告图。页面效果如图 19-3 所示。

图 19-3

（3）切换显示 Banner 广告图后，Banner 广告图对应的导航指示标识高亮显示，页面效果如图 19-4 所示。

图 19-4

19.3　设计思路

（1）运用 HTML 和 CSS 构建页面内容与布局。

页面结构如图 19-5 所示。

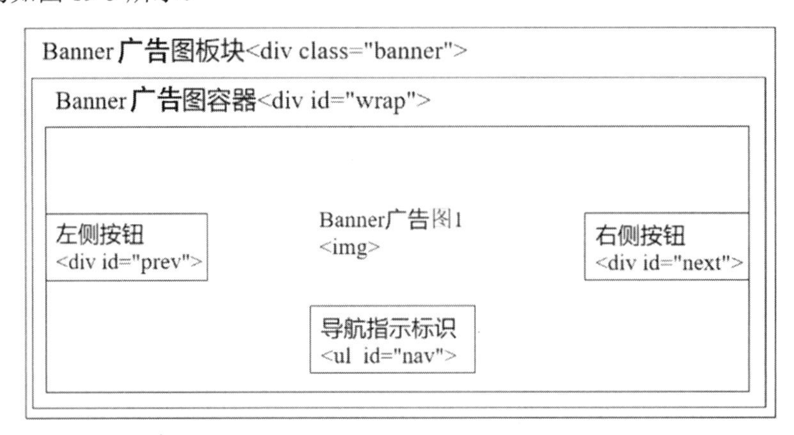

图 19-5

（2）使用 DOM 对象的 getElementById()方法分别获取 Banner 广告图容器、左侧按钮和右侧按钮。

（3）定义一个全局变量 left，用于存储 Banner 广告图容器与 Banner 广告图板块左边的距离，默认值为 0。

（4）为两个按钮绑定 click 事件，实现 Banner 广告图的切换。

- 当单击左侧按钮时：使用 if...else 语句进行判断，当全局变量 left 的值为-200 时，修改 left 的值为 0，否则 left 的值减去 100，并通过 style 属性修改 Banner 广告图容器的 marginLeft 属性的值。
- 当单击右侧按钮时：使用 if...else 语句进行判断，当全局变量 left 的值为 0 时，修改 left 的值为-200，否则 left 的值加上 100，并通过 style 属性修改 Banner 广告图容器的 marginLeft 属性的值。

页面布局如图 19-6 所示。

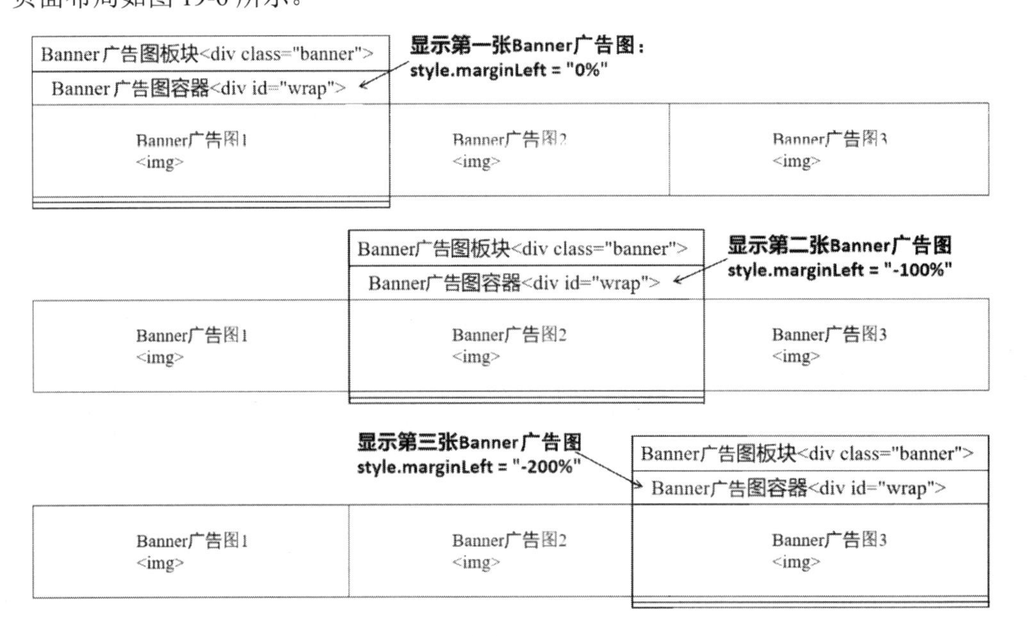

图 19-6

（5）创建 changeNavItem()函数，用于改变导航指示项。

- 在函数中使用 DOM 对象的 getElementById()方法获得导航指示标识，通过 children 属性获得所有导航指示项。
- 遍历所有导航指示项，删除所有导航指示项的 active 类。
- 根据全局变量 left 的值，使用 switch 语句为当前显示的 Banner 广告图对应的导航指示项添加 active 类。

（6）当单击左侧按钮或右侧按钮时，调用 changeNavItem()函数改变导航指示项。

19.4　实验实施（跟我做）

19.4.1　步骤一：HTML 布局

（1）创建 Banner 轮播图项目 banner，该项目中包含页面文件 index.html、样式文件 index.css 和图片文件夹 img，图片文件夹 img 中包含 3 张 Banner 图片。banner 项目的目录结构如图 19-7 所示。

图 19-7

（2）编辑 Banner 轮播图项目 banner 中的页面文件 index.html，添加页面标题。

```
<!DOCTYPE html>
<html>
   <head>
      <meta charset="utf-8" />
      <title>Banner 轮播图</title>
   </head>
   <body>
   </body>
</html>
```

（3）在<body>标签中编写 HTML 代码，添加页面内容。

- 添加 Banner 广告图板块，该板块中包含 Banner 广告图容器、左侧按钮、右侧按钮和导航指示标识。
- Banner 广告图容器中包含 3 张 Banner 广告图，导航指示标识中包含 3 个导航指示项。

```
<!—Banner 广告图板块-->
<div class="banner">
   <!—Banner 广告图容器-->
   <div id="wrap">
      <img src="img/banner1.png"/>
      <img src="img/banner2.png"/>
      <img src="img/banner3.png"/>
   </div>
   <!--左侧按钮-->
```

```
    <div id="prev">&lt;</div>
    <!--右侧按钮-->
    <div id="next">&gt;</div>
    <!--导航指示标识-->
    <ul id="nav">
        <li class="active"></li>
        <li></li>
        <li></li>
    </ul>
</div>
```

19.4.2 步骤二：添加 CSS 样式

（1）在 index.html 文件中引入 index.css 文件。

```
<link rel="stylesheet" href="index.css"/>
```

（2）编辑 index.css 文件，为页面添加样式。

- 设置 Banner 广告图板块的宽度为 1140 像素，Banner 广告图容器的宽度是 Banner 广告图板块的宽度的 3 倍，Banner 广告图容器中的 Banner 广告图在同一行显示。

```
/*Banner 广告图板块*/
.banner{
 width: 1140px;
}

/*Banner 广告图容器*/
#wrap{
 width: 300%;
}

/*Banner 广告图*/
#wrap img{
 float: left;
}
```

- 隐藏 Banner 广告图板块超出部分的内容，并设置 Banner 广告图板块水平居中显示。

```
/*Banner 广告图板块*/
.banner{
   overflow: hidden; /*溢出隐藏*/
   margin: 0 auto;   /*水平居中*/
}
```

- 设置左侧和右侧的按钮的显示样式。

```
/*左侧和右侧的按钮*/
#prev,#next{
   width: 40px;
   line-height: 60px;
   text-align: center;
   color: white;
   background: rgba(0,0,0,0.5); /*半透明黑色*/
   cursor: pointer;
}
```

- 设置 Banner 广告图板块的定位方式为相对定位，左侧和右侧的按钮的定位方式为绝对定位，这两个按钮中的一个显示在 Banner 广告图板块左边的中间，另一个显示在 Banner

广告图板块右边的中间。

```
/*Banner 广告图板块*/
.banner{
   position: relative; /*相对定位*/
}
/*左侧按钮*/
#prev{
   position: absolute; /*绝对定位*/
   top: 220px;
   left: 0;
}
/*右侧按钮*/
#next{
   position: absolute; /*绝对定位*/
   top: 220px;
   right: 0;
}
```

- 设置导航指示标识的定位方式为绝对定位，使导航指示标识显示在 Banner 广告图板块下面的中间。

```
/*导航指示标识*/
ul{
   position: absolute; /*绝对定位*/
   bottom: 0px;
   left: 490px;
}
```

- 使 3 个导航指示项在同一行显示，并设置基本样式和激活时的样式。

```
/*导航指示项*/
li{
   float: left;
   margin-left: 40px;
   font-size: 35px;
}

li.active{
   color: white;
}
```

页面的显示效果如图 19-8 所示。

图 19-8

19.4.3 步骤三：Banner 广告图的切换

（1）在 index.html 文件的<body>标签中插入<script>标签，并编写 JavaScript 代码。

```
<body>
    ......
    ...... 此处省略部分 HTML 代码
   <script>
   //JavaScript 代码
   </script>
</body>
```

（2）获取 Banner 广告图容器、左侧按钮和右侧按钮。

```
//Banner 广告图容器
var wrap = document.getElementById("wrap");
//左侧按钮
var prevBtn = document.getElementById("prev");
//右侧按钮
var nextBtn = document.getElementById("next");
```

（3）实现单击左侧和右侧的按钮，切换 Banner 广告图。

- 为左侧按钮绑定鼠标点击事件，当单击左侧按钮时，切换到上一张 Banner 广告图。

```
var left = 0;
//当单击左侧按钮时，切换到上一张 Banner 广告图
prevBtn.onclick = function(){
   left -= 100;
   //设置 Banner 广告图容器距左边的距离
   wrap.style.marginLeft = left+"%";
}
```

- 修改事件处理函数中的代码，当第三次单击左侧按钮时，切换到第一张 Banner 广告图。

```
prevBtn.onclick = function(){
   if(left == -200){
      //当第三次单击左侧按钮时，切换到第一张 Banner 广告图
      left = 0;
      wrap.style.marginLeft = left+"%";
   }else{
      left -= 100;
      //设置 Banner 广告图容器距左边的距离
      wrap.style.marginLeft = left+"%";
   }
}
```

- 为右侧的按钮绑定鼠标点击事件，当单击右侧按钮时，切换到下一张 Banner 广告图。

```
//单击右侧按钮，切换到下一张 Banner 广告图
nextBtn.onclick = function(){
   if(left == 0){
      //当显示第一张 Banner 广告图时，切换到第三张 Banner 广告图
      left = -200;
      wrap.style.marginLeft = left+"%";
   }else{
      left += 100;
      //设置 Banner 广告图容器距左边的距离
      wrap.style.marginLeft = left+"%";
   }
}
```

运行效果如图 19-9 所示。

图 19-9

19.4.4 步骤四：改变导航指示项

（1）创建一个函数，用于改变导航指示项。

```
//改变导航指示项
function changeNavItem(){
}
```

（2）编写函数内容，根据当前显示的 Banner 广告图高亮显示对应的导航指示项。

```
function changeNavItem(){
   //获得所有导航指示项
   var item = document.getElementById('nav').children;
   //清除所有导航指示项的高亮效果
   for(var i = 0;i<item.length;i++){
       item[i].className = '';
   }
   //根据当前显示的 Banner 广告图，设定对应导航指示项高亮显示
   switch(left){
       case 0:
              item[0].className = 'active';
              break;
       case -100:
              item[1].className = 'active';
              break
       default:
              item[2].className = 'active';
   }
}
```

（3）当单击左侧和右侧的按钮时，调用函数改变导航指示项。

```
prevBtn.onclick = function(){
   //此处省略部分代码
   //改变导航指示项
   changeNavItem();
}

nextBtn.onclick = function(){
   ...... 此处省略部分代码
   //改变导航指示项
   changeNavItem();
}
```

运行效果如图 19-10 所示。

图 19-10

第 20 章 JavaScript+jQuery：商品选项卡

20.1 实验目标

（1）能在网页中正确地引入 JavaScript 脚本。
（2）能使用 JavaScript 程序中的函数完成代码的封装和复用。
（3）能使用浏览器控制台调试 JavaScript 程序。
（4）能使用 Window 对象操作浏览器。
（5）能使用 DOM 对象操作网页元素。
（6）能使用 JavaScript 修改网页元素样式。
（7）能使用 JavaScript 事件响应用户的交互操作。
（8）综合应用 JavaScript 编程技术开发商品选项卡。
本章的知识地图如图 20-1 所示。

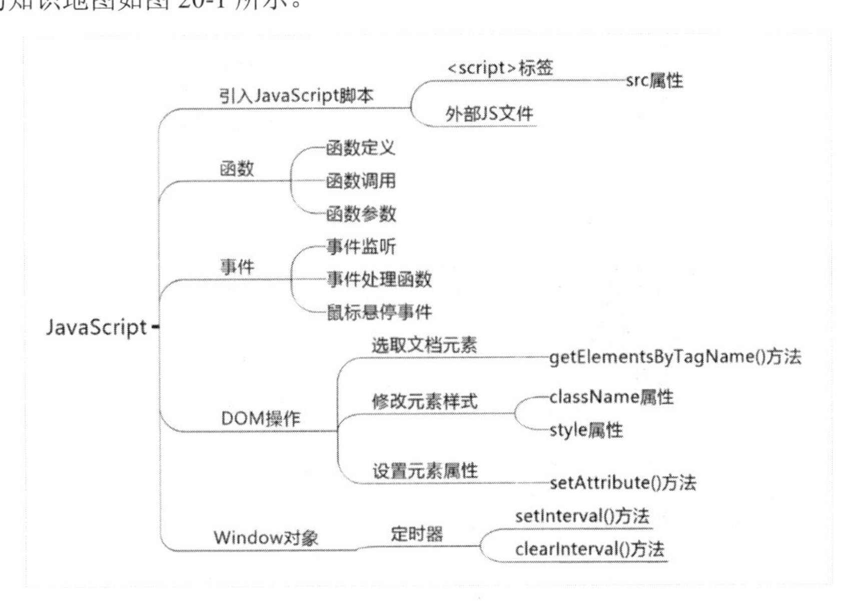

图 20-1

20.2 实验任务

使用 JavaScript 开发一个商品选项卡页面。

（1）商品选项卡页面包含 3 个商品分类标题，每个商品分类标题对应一个商品列表，默认选中第一个商品分类标题，显示第一个商品分类标题对应的商品列表，隐藏其他商品列表。页面效果如图 20-2 所示。

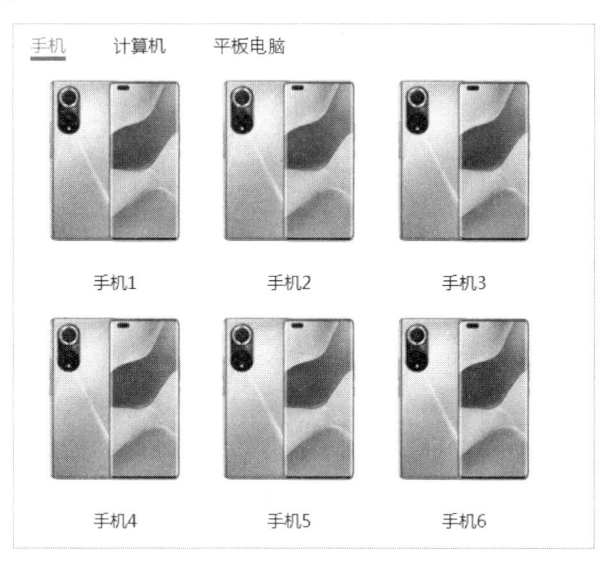

图 20-2

（2）当鼠标指针悬停到某个商品分类标题上时，选中当前商品分类标题，显示当前商品分类标题对应的商品列表，并隐藏其他商品列表。页面效果如图 20-3 所示。

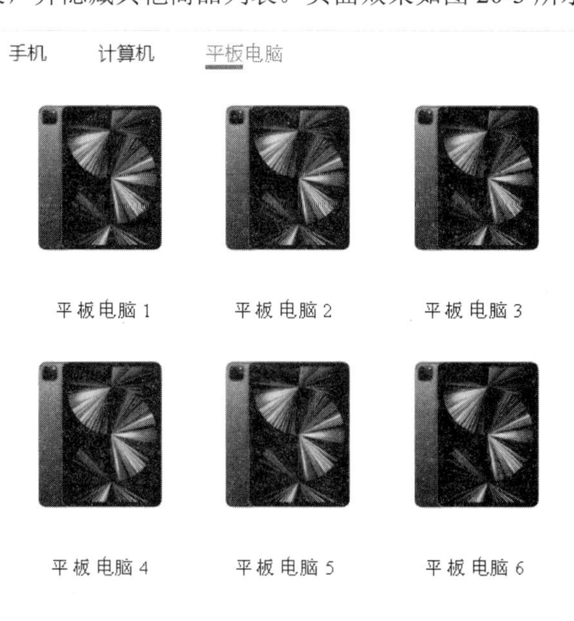

图 20-3

（3）每隔 2 秒，自动从当前选中的商品分类标题切换到下一个商品分类标题，并显示对应的商品列表，隐藏其他商品列表。页面效果如图 20-4 所示。

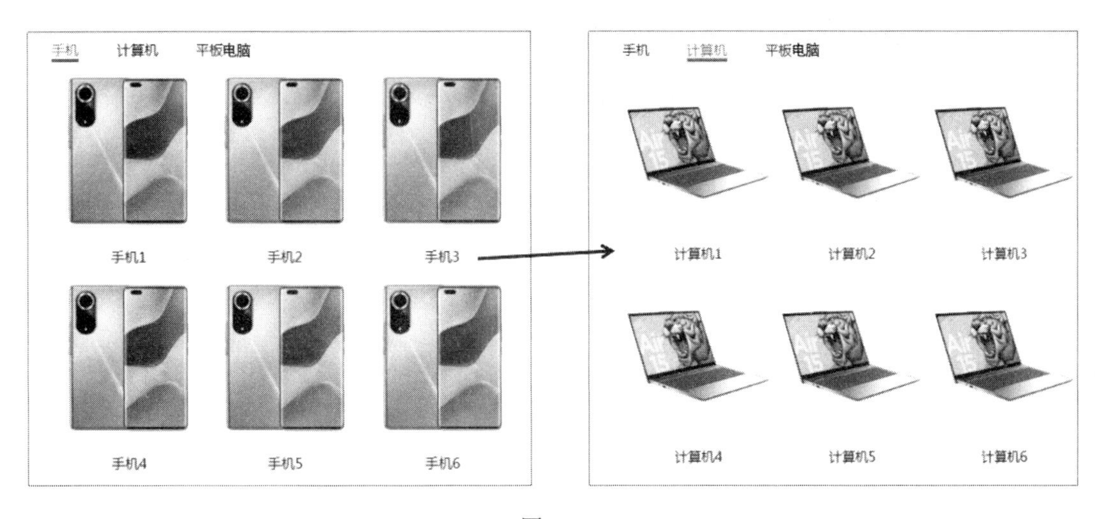

图 20-4

20.3　设计思路

（1）使用 HTML 和 CSS 布局商品选项卡页面。

页面结构如图 20-5 所示。

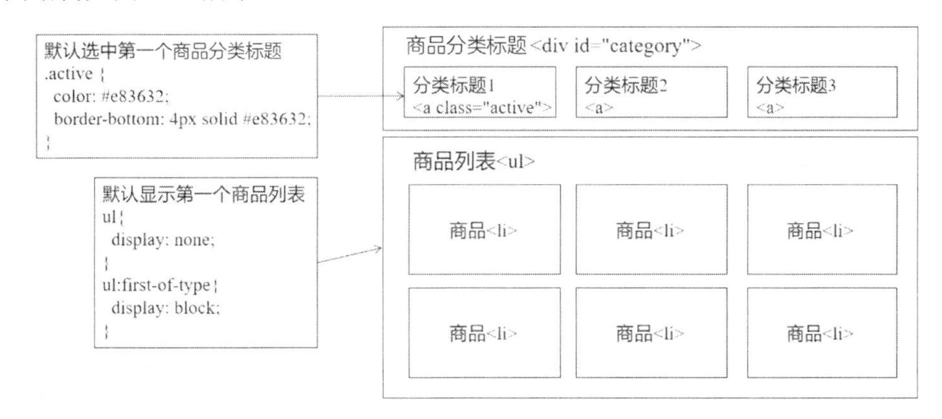

图 20-5

（2）定义一个全局变量 cindex，用来保存当前显示的商品列表的索引值。

（3）创建显示商品列表的函数：showList(index)。

在 showList (index) 函数中，通过传入的商品列表“index”索引值，选中对应的商品分类标题，并显示对应的商品列表。

- 函数参数 index：商品列表索引值，范围为 0～2。
- 使用 DOM 对象的 getElementById()方法获得商品分类板块，通过 children 属性获得商品分类板块中所有的商品分类标题。
- 使用 for...in 循环遍历所有的商品分类标题，为当前商品分类标题添加 active 类，删除其他商品分类标题的 active 类。
- 使用 DOM 对象的 getElementsByTagName()方法获得所有的商品列表。
- 使用 for...in 循环遍历所有的商品列表，通过操作 style 属性显示当前商品分类标题的商品列表，隐藏其他的商品列表。

页面布局如图 20-6 所示。

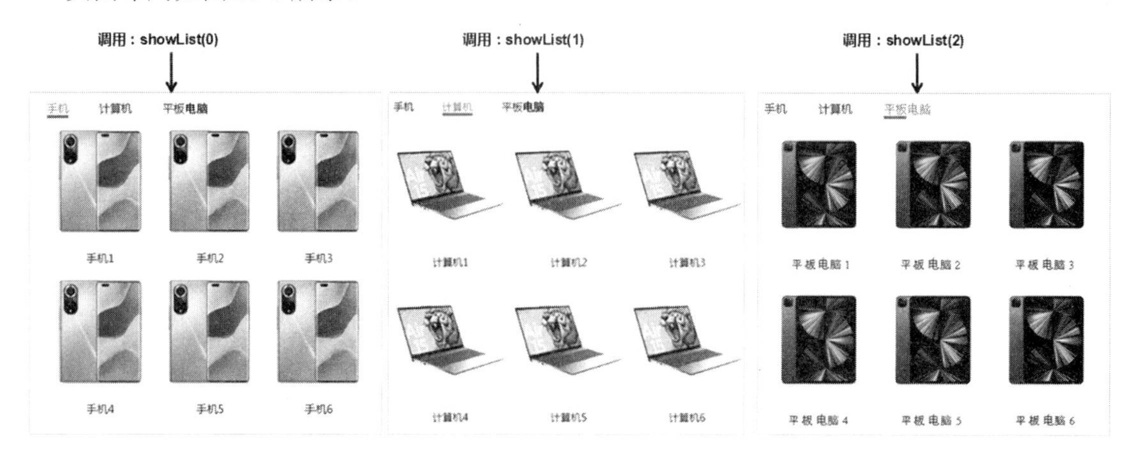

图 20-6

（4）使用 setInterval()方法创建一个定时器，每隔 2 秒更改全局变量 cindex 的值，并调用 showList(index)函数显示下一个商品列表。

（5）使用 DOM 对象获得所有的商品分类标题，并绑定鼠标悬停（mouseover）事件和鼠标离开（onmouseout）事件。

- 当鼠标指针悬停到某个商品分类标题上时执行事件处理函数，在事件处理函数中使用 clearInterval()方法删除定时器，获取当前商品分类标题的索引值，并调用 showList(index)函数。
- 当鼠标指针离开某个商品分类标题时执行事件处理函数，在事件处理函数中使用 setInterval()方法重新创建一个定时器，继续自动切换显示下一个商品列表。

20.4 实验实施（跟我做）

20.4.1 步骤一：HTML 布局

（1）创建商品选项卡项目 tab，该项目中包含页面文件 index.html、样式文件 index.css、脚本文件 index.js 和图片文件夹 img，图片文件夹 img 中包含 3 张图片。tab 项目的目录结构如图 20-7 所示。

图 20-7

（2）编辑 tab 项目中的页面文件 index.html，添加页面标题。

```
<!DOCTYPE html>
<html>
   <head>
      <meta charset="utf-8" />
      <title>商品选项卡</title>
   </head>
   <body>
   </body>
</html>
```

（3）在<body>标签中编写 HTML 代码，添加页面内容。

- 添加商品分类板块，该板块包含 3 个商品分类标题，并为第一个商品分类标题添加 active 类。

```
<!--商品分类-->
<div id="category">
   <a href="" class="active">手机</a>
   <a href="">计算机</a>
   <a href="">平板电脑</a>
</div>
```

- 添加第一个商品列表，该商品列表由 6 个商品组成，每个商品包含商品图片和商品名称。

```
<!--手机商品列表-->
<ul>
   <!--商品 1-->
   <li>
      <img src="img/p1.jpg"/>
      <p>手机 1</p>
   </li>
   <!--商品 2-->
   <li>
      <img src="img/p1.jpg"/>
      <p>手机 2</p>
   </li>
   <!--商品 3-->
   <li>
      <img src="img/p1.jpg"/>
      <p>手机 3</p>
   </li>
   <!--商品 4-->
   <li>
      <img src="img/p1.jpg"/>
      <p>手机 4</p>
   </li>
   <!--商品 5-->
   <li>
      <img src="img/p1.jpg"/>
      <p>手机 5</p>
   </li>
   <!--商品 6-->
   <li>
      <img src="img/p1.jpg"/>
      <p>手机 6</p>
```

```
    </li>
</ul>
```

- 添加第二个和第三个商品列表，每个商品列表由 6 个商品组成。

```
<!—计算机商品列表-->
<ul>
    ......
     此处省略部分代码
</ul>
<!--平板电脑商品列表-->
<ul>
    ......
    此处省略部分代码
</ul>
```

20.4.2 步骤二：添加 CSS 样式

（1）在 index.html 文件中引入 index.css 文件。

```
<link rel="stylesheet" href="css/index.css"/>
```

（2）编辑 index.css 文件，为页面添加样式。

- 清除超链接默认下画线，并设置超链接文本颜色为黑色。

```
a{
    text-decoration: none; /*去除下画线*/
    color: black;          /*设置超链接文本颜色为黑色*/
}
```

- 设置商品分类标题的左外边距。

```
/*商品分类标题*/
#category a {
    margin-left: 40px;
}
```

- 设置商品分类标题选中项的文本颜色和下边框。

```
/*商品分类标题选中项的样式*/
.active {
    color: #e83632;
    border-bottom: 4px solid #e83632;
}
```

- 默认选中第一个商品分类标题，隐藏其他商品分类标题对应的商品列表。

```
/*隐藏商品列表*/
ul{
    display: none;
}

/*默认显示第一个商品分类标题*/
ul:first-of-type{
    display: block;
}
```

- 设置商品列表中的商品分两行显示，每行显示 3 个商品。

```
/*商品列表中的商品*/
ul li {
    display: inline-block; /*行内块*/
    width: 32%;
```

```
    text-align: center;
}
```

● 设置商品列表的宽度为页面宽度的 60%，商品图片的大小为父元素大小的 100%。

```
/*商品列表*/
ul{
    ...... 此处省略前面的代码
    width: 60%;
}
/*商品图片*/
ul img {
    width: 100%;
}
```

页面的显示效果如图 20-8 所示。

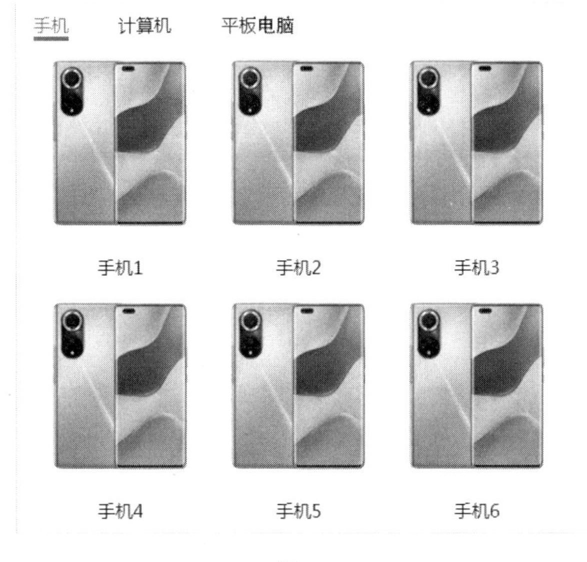

图 20-8

20.4.3 步骤三：切换商品列表

（1）在 index.html 文件中引入 index.js 文件。

```
<body>
    ......
    ...... 此处省略 HTML 代码
    <script src="js/index.js"></script>
</body>
```

（2）编辑 index.js 文件，用于切换商品列表。

● 定义一个全局变量，存储当前选中的商品分类标题的索引值。

```
//当前选中的商品分类标题的索引值
var cindex = 0;
```

● 创建商品列表显示函数，根据传入的商品分类标题的索引值显示对应的商品列表。

```
//显示商品列表
function showList(index){
}
```

● 编写商品列表显示函数，根据传入的商品分类标题的索引值，高亮显示对应商品分类标题，同时显示商品分类标题对应的商品列表。

```
//显示商品列表
function showList(index){
    //获得商品分类板块中所有的商品分类标题
    var ctitle = document.getElementById('category').children;
    //当前商品分类标题高亮显示，其他商品分类标题无须高亮显示
    for(var i in ctitle){
        if(i == index){
                ctitle[i].setAttribute("class","active");
        }else{
                ctitle[i].className = '';
        }
}

    //获取所有商品列表
    /*getElementsByTagName()方法的返回值虽然有 length 属性，但并非数组，从本质上来说它
是一种集合，其类型为[object NodeList]；而真正的数组类型是[object Array]，因此这里使用数组
内置对象 Array.from()方法，将其转换为数组类型进行遍历*/
    var list = Array.from(document.getElementsByTagName('ul'));
    //显示当前商品分类标题对应的商品列表，隐藏其他商品列表
    for(var i in list){
        if(i == index){
                list[i].style.display = 'block';
        }else{
                list[i].style.display = 'none';
        }
    }
}
```

- 获得商品分类板块中所有的商品分类标题。

```
function showList(index){
    ...... 此处省略 JavaScript 代码
}

//获得商品分类板块中所有的商品分类标题
var ctitle = document.getElementById('category').children;
```

- 遍历所有的商品分类标题，为所有商品分类标题添加索引值并绑定鼠标悬停事件；当鼠标指针悬停到某个商品分类标题上时，执行事件处理函数获取商品分类标题的索引值，如图 20-9 所示。

```
for(var i in ctitle){
    //为所有商品分类标题添加索引值
    ctitle[i].index = i
    //为所有商品分类标题添加鼠标悬停事件，并绑定事件处理函数
    ctitle[i].onmouseover = function(){
        //打印调试（调试后删除）
        console.log(this.index);
    };
}
```

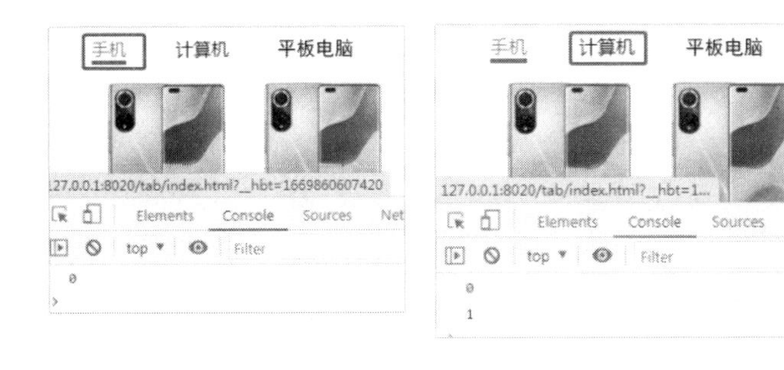

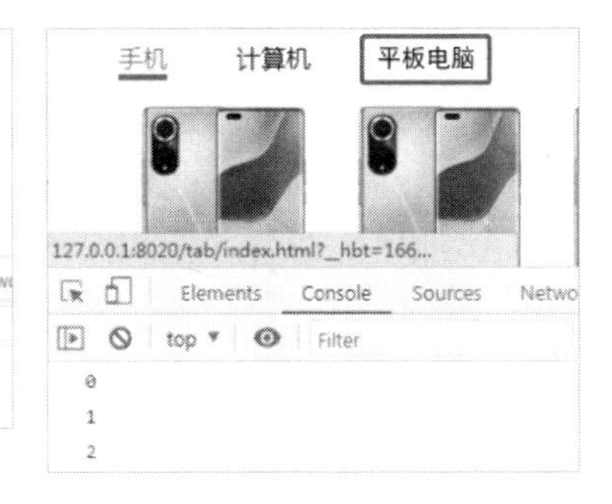

图 20-9

- 当触发鼠标悬停事件时，获取当前选中商品分类标题的索引值，根据索引值显示商品列表。

```
ctitle[i].onmouseover = function(){
    //获取当前选中商品分类标题的索引值
    index = this.index;
    //根据索引值显示商品列表
    showList(index);
};
```

运行效果如图 20-10 所示。

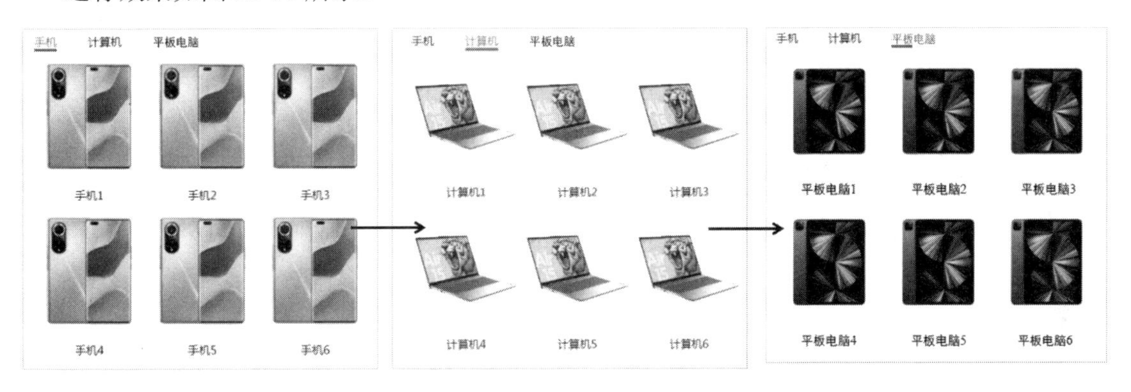

图 20-10

20.4.4　步骤四：自动切换

（1）创建一个定时器，每隔 2 秒修改全局变量 cindex 的值，并调用 showList()函数显示下一个商品列表。

```
for(var i in ctitle){
   ...... 此处省略 JavaScript 代码
}

//创建一个定时器，每隔 2 秒显示下一个商品列表
var timer = setInterval(function(){
   if(index == 2){
      cindex = 0;
   }else{
      cindex++;
   }
   showList(cindex);
```

```
},2000);
```

（2）当鼠标指针悬停到商品分类标题上时，清除定时器，停止商品列表自动切换。

```
ctitle[i].onmouseover = function(){
   //清除定时器，停止商品列表自动切换
   clearInterval(timer);
   //获取当前选中的商品分类标题的索引
   index = this.index;
   //根据索引显示商品列表
   showList(index);
};
```

（3）当鼠标指针离开商品分类标题时，重新创建一个定时器，开始商品列表自动切换。

```
ctitle[i].onmouseover = function(){
   ...... 此处省略 JavaScript 代码
};

//为所有商品分类标题添加鼠标离开事件，并绑定事件处理函数
ctitle[i].onmouseout = function(){
   //重新创建一个定时器，每隔 2 秒显示下一个商品列表
   timer = setInterval(function(){
      if(cindex == 2){
            cindex = 0;
      }else{
            cindex++;
      }
      showList(cindex);
   },2000);
};
```

运行效果如图 20-11 所示。

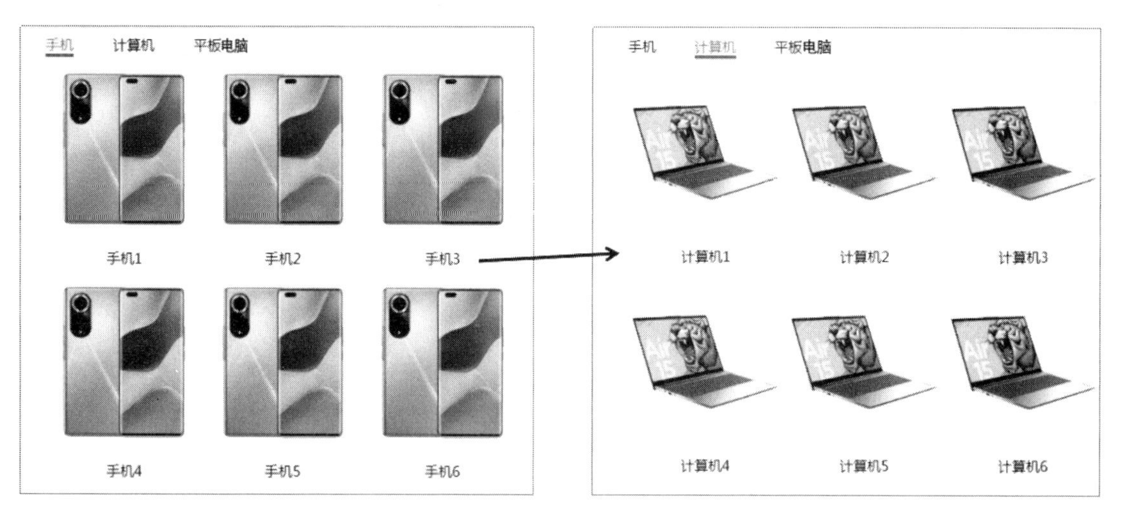

图 20-11

第 21 章 JavaScript+jQuery：盲盒小游戏

21.1 实验目标

（1）能使用 JavaScript 数组执行数据的存取操作。
（2）掌握面向对象程序设计的方法。
（3）能使用字面量创建 JavaScript 对象。
（4）能使用构造函数创建 JavaScript 对象。
（5）能使用 DOM 对象操作网页元素。
（6）能使用 JavaScript 事件响应用户的交互操作。
（7）综合应用 JavaScript 网页编程技术开发盲盒小游戏。
本章的知识地图如图 21-1 所示。

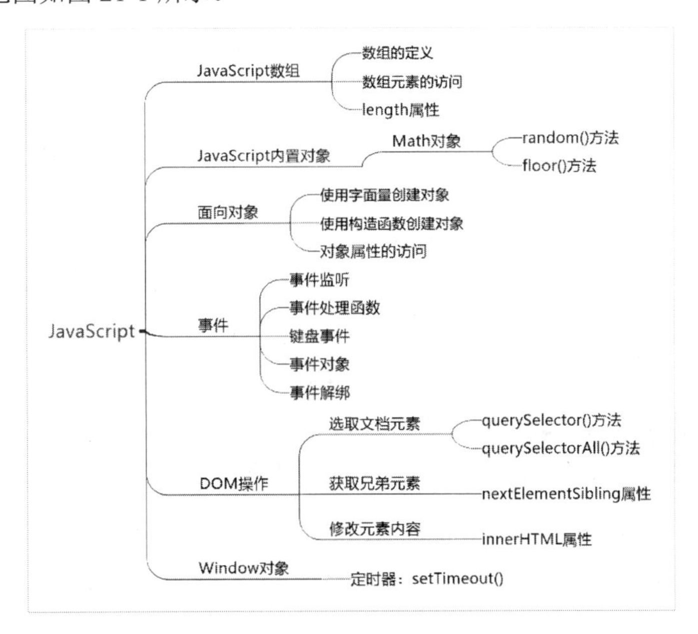

图 21-1

21.2 实验任务

开发一个盲盒抽奖小游戏，其功能如下。

（1）页面左侧有一个九宫格，九宫格一共有 9 个盲盒，每个盲盒中随机保存相关礼品，默认选中第一个盲盒；页面右侧显示当前选中的盲盒和一个开启盲盒的按钮。页面的显示效果如图 21-2 所示。

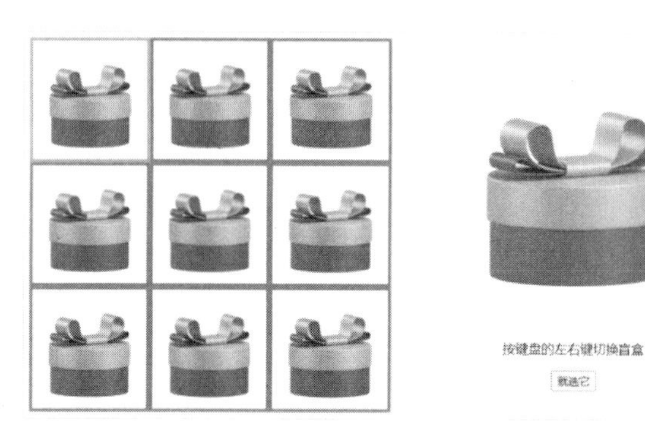

图 21-2

（2）使用键盘的左右键可以切换选中的盲盒，切换后选中的盲盒边框有高亮效果，右侧显示当前选中的盲盒有下落效果，如图 21-3 所示。

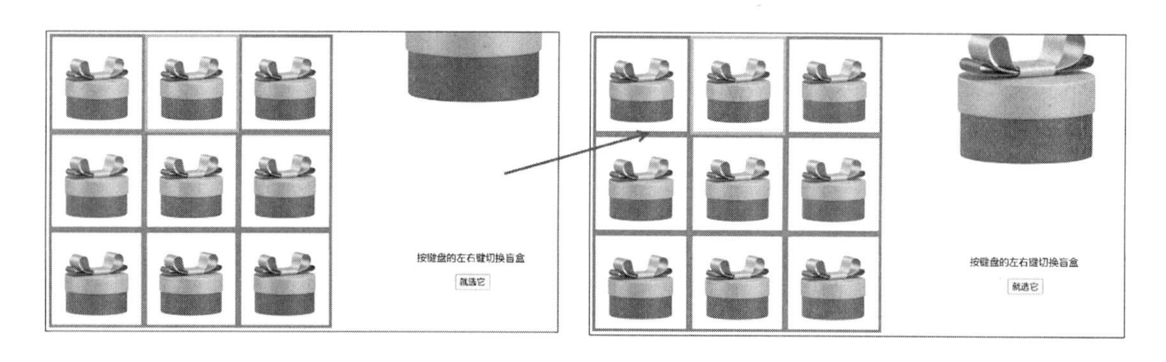

图 21-3

（3）单击“就选它”按钮可以开启盲盒，打开当前选中的盲盒并显示盲盒中的奖品和一段文字提示，此时“就选它”按钮处于禁用状态，效果如图 21-4 所示。

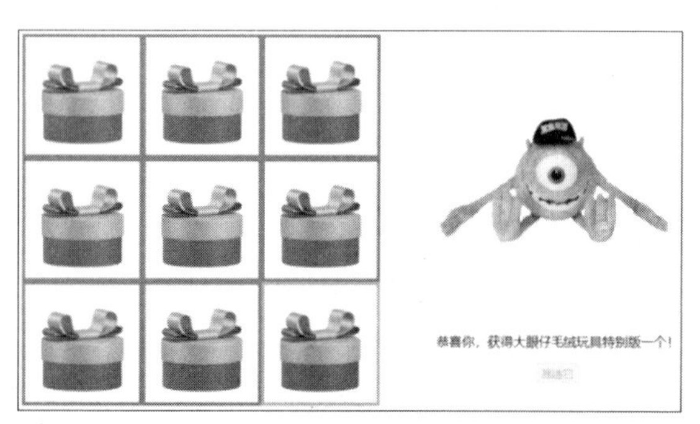

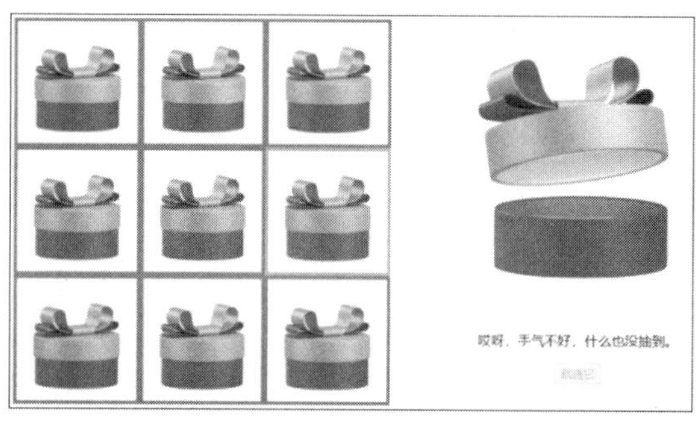

图 21-4

21.3 设计思路

（1）定义一个全局变量存储当前选中盲盒的索引值，索引值的范围为0～8，对应9个盲盒。

（2）为Window对象绑定键盘事件，监听是否按下左右键，当按下左右键时执行事件处理函数。

（3）在事件处理函数中修改全局变量存储的盲盒的索引值，使用DOM修改当前选中盲盒的边框样式，并为盲盒添加一个CSS3盲盒掉落动画。

（4）使用字面量面向对象方式创建一个对象数组，用来存储所有盲盒的种类。

对象数组的定义如下：

```
//盲盒礼物分类
var giftcat = [
   { typeid: 1,name:'大眼仔','desc':"恭喜你，获得大眼仔毛绒玩具特别版一个！",


'img':"img/gift1.png"},
   { typeid: 2,name:'胡迪草莓熊','desc':"恭喜你，获得胡迪草莓熊毛绒公仔礼物纪念品一个！",


'img':"img/gift2.png"},
   { typeid: 3,name:'史迪奇','desc':"恭喜你，获得史迪奇毛绒公仔礼物纪念品一个。",


'img':"img/gift3.png"},
   { typeid: 4,name:'差一点','desc':"哎呀，礼物错过了，差一点就抽到了。",


'img':"img/gift4.png"},
   { typeid: 5,name:'谢谢惠顾','desc':"哎呀，手气不好，什么也没抽到。",


'img':"img/gift4.png"},
   { typeid: 6,name:'空盒子','desc':"非常遗憾，盒子是空的，什么也没抽到。",


'img':"img/gift4.png"},
      ......
    ......
]
```

（5）创建一个盲盒构造函数，用于构建盲盒对象。

盲盒构造函数的定义如下。

```
//盲盒构造函数
function Giftbox(desc,img){
   this.desc = desc;
   this.img = img;
}
```

（6）循环9次，随机从盲盒的对象数组中获取盲盒种类，并使用构造函数示例化盲盒对象，把盲盒对象存储到另一个盲盒对象数组中。

```
//循环9次
//随机从盲盒礼物分类中获取一个盲盒
```

```
var n = Math.floor(Math.random() * giftcat.length);
var cat = giftcat[n];
//创建盲盒实例对象，并保存到盲盒礼物中
boxgift[i] = new Giftbox(cat.desc,cat.img);
```

（7）为“就选它”按钮绑定 click 事件，单击后执行事件处理函数，根据全局变量中的盲盒索引值获取当前选中盲盒的图片和文字描述，并显示在网页上。

21.4 实验实施（跟我做）

21.4.1 步骤一：HTML 布局

（1）创建盲盒小游戏项目 box，该项目中包含页面文件 index.html、样式文件 index.css、脚本文件 index.js 和图片文件夹 img，图片文件夹 img 中包含 5 张图片。box 项目的目录结构如图 21-5 所示。

图 21-5

（2）编辑 box 项目中的页面文件 index.html，添加页面标题。

```
<!DOCTYPE html>
<html>
   <head>
      <meta charset="utf-8"/>
      <title>盲盒小游戏</title>
   </head>
   <body>
   </body>
</html>
```

（3）在<body>标签中编写 HTML 代码，创建页面内容。

- 添加盲盒九宫格板块，该板块中包含 9 个盲盒，默认选中第一个盲盒。
- 添加选中的盲盒板块，包含选中的盲盒、文字描述信息和开启盲盒的按钮。

```
<body>
   <!--盲盒九宫格板块，保存 9 个盲盒-->
   <div class="giftbox">
      <img src="img/gift.png" class="active"/>
      <img src="img/gift.png"/>
      <img src="img/gift.png"/>
      <img src="img/gift.png"/>
      <img src="img/gift.png"/>
      <img src="img/gift.png"/>
      <img src="img/gift.png"/>
```

```
        <img src="img/gift.png"/>
        <img src="img/gift.png"/>
    </div>
    <!--选中的盲盒板块，包含选中的盲盒、文字描述信息和开启盲盒的按钮-->
    <div class="sbox">
        <img src="img/gift.png"/>
        <p>按键盘的左右键切换盲盒</p>
        <button>就选它</button>
    </div>
</body>
```

21.4.2　步骤二：添加 CSS 样式

（1）在 index.html 文件中引入 index.css 文件。

```
<link rel="stylesheet" href="index.css"/>
```

（2）编辑 index.css 文件，为页面添加样式。

- 设置盲盒九宫格板块的宽度为 450 像素，布局方式为弹性布局，允许内容超出时换行。设置盲盒的宽度为 140 像素，边框的宽度为 5 像素。九宫格板块一行显示 3 个盲盒。
- 设置默认选中的盲盒边框的颜色为橙色。

```
/*盲盒九宫格*/
.giftbox{
    width: 450px;
    display: flex; /*弹性布局*/
    flex-wrap: wrap;
}

/*盲盒*/
.giftbox img{
    width: 140px;
    border: solid 5px gray;
}
.giftbox .active{
    border-color: orange;
}
```

- 设置选中的盲盒板块的宽度为 450 像素，内容水平居中。设置选中的盲盒板块中的盲盒图片的宽度为 300 像素，下外边距为 10 像素。

```
/*选中的盲盒板块*/
.sbox{
    width: 450px;
    text-align: center;
}
.sbox img{
    width: 300px;
    margin-bottom: 10px;
}
```

- 设置 body 元素的布局方式为弹性布局，使盲盒九宫格板块和选中的盲盒板块在同一行显示。

```
body{
    display: flex;  /*弹性布局*/
}
```

- 创建一个盲盒从上向下掉落的动画。

```
/*盲盒掉落的动画*/
@keyframes giftdrop{
   from{ position: relative; top : -300px;}
   to{ position: relative; top : 0px;}
}
```

页面的显示效果如图 21-6 所示。

图 21-6

21.4.3 步骤三：切换选中的盲盒

（1）在 index.html 文件中引入 index.js 文件。

```
<body>
    ......
    ...... 此处省略 HTML 代码
   <script src="index.js"></script>
</body>
```

（2）编辑 index.js 文件，用于切换选中的盲盒。

- 定义一个全局变量，用于保存当前选中的盲盒的索引值，0 表示第一个盲盒，8 表示最后一个盲盒。

```
//选中的盲盒的索引值
var sindex = 0;
```

- 监听键盘按键按下事件，当按下键盘的某个键时执行事件处理函数，通过事件对象获取键盘按键的对应键码，如图 21-7 所示。

```
//监听键盘按键按下事件，通过事件对象获取键码
window.onkeydown = function(event){
   //调试打印，调试后删除
   console.log(event.keyCode);
}
```

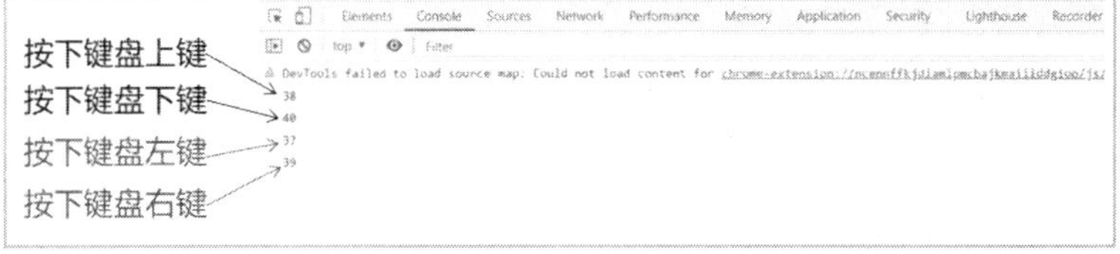

图 21-7

- 判断键盘按键对应的键码。当按下左键时，切换选中上一个盲盒；当按下右键时，切换选中下一个盲盒；当按下其他键时，直接退出事件处理函数，不完成任何功能。

```
window.onkeydown = function(event){
    if(event.keyCode == 37){
        //当按下左键时，切换到上一个盲盒
        sindex == 0 ? sindex = 8 : sindex--;
    }else if(event.keyCode == 39){
        //当按下右键时，切换到下一个盲盒
        sindex == 8 ? sindex = 0 : sindex++;
    }else{
        //当按下其他键时，直接退出事件处理函数，不完成任何功能
        return;
    }
}
```

- 获取九宫格中所有的盲盒，为当前选中的盲盒边框添加高亮效果，删除其他盲盒的边框高亮效果。

```
window.onkeydown = function(event){
    ...... 此处省略部分代码

    //获取所有盲盒，为选中的盲盒边框添加高亮效果，删除其他盲盒的边框高亮效果
    var allbox = document.querySelectorAll(".giftbox img");
    for(var i in allbox){
        if(i == sindex){
                allbox[i].className = 'active';
        }else{
                allbox[i].className = '';
        }
    }
}
```

- 获取选中盲盒板块中的盲盒，添加盲盒掉落动画，动画结束后删除动画效果。

```
window.onkeydown = function(event){
    ...... 此处省略部分代码

    //获取选中盲盒板块中的盲盒
    var sbox = document.querySelector(".sbox img");
    //添加盲盒掉落动画
    sbox.style.animation = "giftdrop 0.3s";
    //动画结束后删除动画效果
    setTimeout(function(){
        sbox.style.animation = "";
    },300);
}
```

运行效果如图 21-8 所示。

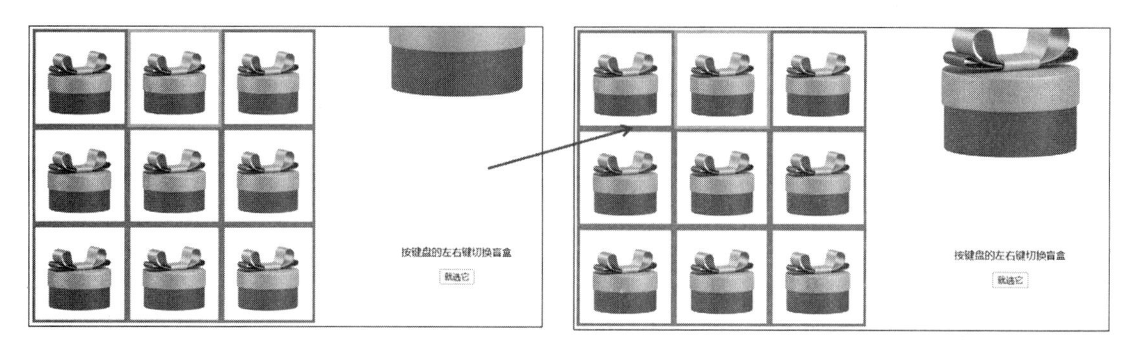

图 21-8

21.4.4　步骤四：开启盲盒

（1）编辑 index.js 文件，创建两个数组用于保存数据。

- 创建一个数组，用于保存盲盒中礼品的种类。
- 创建一个空数组，用于保存 9 个盲盒中对应的礼品。

```
window.onkeydown = function(event){
   ...... 此处省略 JavaScript 代码
}

//盲盒礼物分类
var giftcat = [
   { typeid: 1,name:'大眼仔','desc':"恭喜你，获得大眼仔毛绒玩具特别版一个！",


'img':"img/gift1.png"},
   { typeid: 2,name:'胡迪草莓熊','desc':"恭喜你，获得胡迪草莓熊毛绒公仔礼物纪念品一个！",


'img':"img/gift2.png"},
   { typeid: 3,name:'史迪奇','desc':"恭喜你，获得史迪奇毛绒公仔礼物纪念品一个。",


'img':"img/gift3.png"},
   { typeid: 4,name:'差一点','desc':"哎呀，礼物错过了，差一点就抽到了。",


'img':"img/gift4.png"},
   { typeid: 5,name:'谢谢惠顾','desc':"哎呀，手气不好，什么也没抽到。",


'img':"img/gift4.png"},
   { typeid: 6,name:'空盒子','desc':"非常遗憾，盒子是空的，什么也没抽到。",


'img':"img/gift4.png"},
   { typeid: 7,name:'差一点','desc':"哎呀，礼物错过了，差一点就抽到了。",


'img':"img/gift4.png"},
```

```
    { typeid: 8,name:'谢谢惠顾','desc':"哎呀，手气不好，什么也没抽到。",


'img':"img/gift4.png"},
    { typeid: 9,name:'空盒子','desc':"非常遗憾，盒子是空的，什么也没抽到。",


'img':"img/gift4.png"},
];
//盲盒礼物
var boxgift = [];
```

（2）创建一个盲盒构造函数。

```
//盲盒构造函数
function Giftbox(desc,img){
    this.desc = desc;
    this.img = img;
}
```

（3）循环 9 次，随机从盲盒礼物分类中获取一个盲盒，使用盲盒构造函数创建盲盒实例对象并保存到盲盒礼物数组中，如图 21-9 所示。

```
function Giftbox(desc,img){
    ...... 省略 JavaScript 代码
}

for(var i = 0;i<9;i++){
    //随机从盲盒礼物分类中获取一个盲盒
    var n = Math.floor(Math.random() * giftcat.length);
    var cat = giftcat[n];
    //创建盲盒实例对象并保存到盲盒礼物数组中
    boxgift[i] = new Giftbox(cat.desc,cat.img);;
}
//调试打印，调试后删除
console.log(boxgift);
```

```
▼(9) [Giftbox, Giftbox, Giftbox, Giftbox, Giftbox, Giftbox, Giftbox, Giftbox, Giftbox]
  ▶0: Giftbox {desc: '哎呀，手气不好，什么也没抽到。', img: 'img/gift4.png'}
  ▶1: Giftbox {desc: '哎呀，礼物错过了，差一点就抽到了。', img: 'img/gift4.png'}
  ▶2: Giftbox {desc: '哎呀，手气不好，什么也没抽到。', img: 'img/gift4.png'}
  ▶3: Giftbox {desc: '恭喜你，获得胡迪草莓熊毛绒公仔礼物纪念品一个！', img: 'img/gift2.png'}
  ▶4: Giftbox {desc: '哎呀，礼物错过了，差一点就抽到了。', img: 'img/gift4.png'}
  ▶5: Giftbox {desc: '哎呀，礼物错过了，差一点就抽到了。', img: 'img/gift4.png'}
  ▶6: Giftbox {desc: '恭喜你，获得胡迪草莓熊毛绒公仔礼物纪念品一个！', img: 'img/gift2.png'}
  ▶7: Giftbox {desc: '非常遗憾，盒子是空的，什么也没抽到。', img: 'img/gift4.png'}
  ▶8: Giftbox {desc: '恭喜你，获得史迪奇毛绒公仔礼物纪念品一个。', img: 'img/gift3.png'}
   length: 9
  ▶[[Prototype]]: Array(0)
```

图 21-9

（4）单击按钮，开启盲盒。

- 为“就选它”按钮绑定 onclick 事件，单击后执行事件处理函数 start()。

```
<button onclick="start()">就选它</button>
```

- 编辑 index.js 文件，编写开启盲盒函数 start()，设置盲盒开启后盲盒中的礼物图片和文字描述信息。

```
//开启盲盒函数
function start(){
   //获取选中盲盒板块中的盲盒
   var sbox = document.querySelector(".sbox img");
   //设置盲盒开启后的礼物图片
   sbox.setAttribute("src",boxgift[sindex].img);
   //设置盲盒开启后的文字描述信息
   sbox.nextElementSibling.innerHTML = boxgift[sindex].desc;
}
```

- 开启盲盒后禁用开启盲盒的按钮，解绑键盘按键按下事件。

```
function start(){
   ...... 此处省略部分代码
   //禁用开启盲盒的按钮
   document.querySelector("button").setAttribute("disabled","true");
   //解绑键盘按键按下事件
   window.onkeydown = null;
}
```

运行效果如图 21-10 所示。

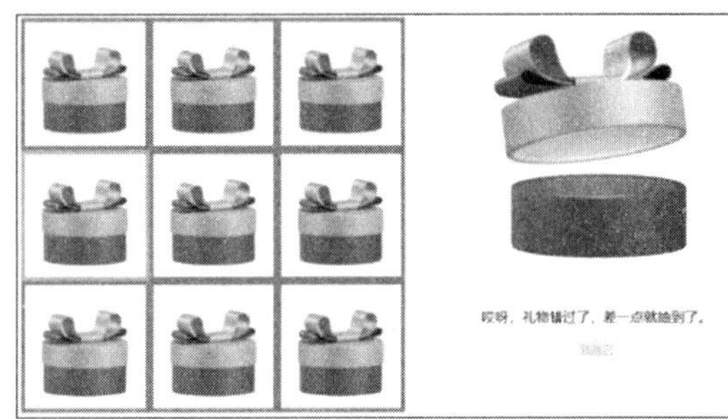

图 21-10

第22章 JavaScript+jQuery：大转盘抽奖

22.1 实验目标

（1）能在网页中引入 jQuery。
（2）能使用 jQuery 操作网页元素。
（3）能使用 jQuery 修改网页元素的样式。
（4）能使用 jQuery 事件响应用户的交互操作。
（5）能使用 jQuery 动画为页面添加动态效果。
（6）综合应用 jQuery 编程技术开发幸运大转盘。
本章的知识地图如图 22-1 所示。

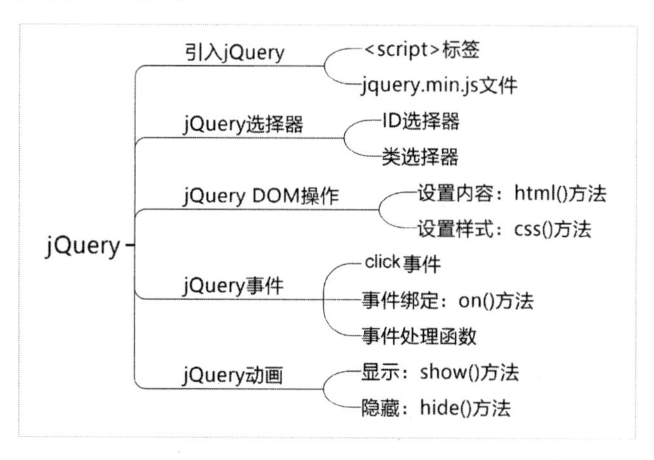

图 22-1

22.2 实验任务

制作一个大转盘抽奖页面，实现大转盘抽奖功能。
（1）大转盘一共有 6 个奖项，每个奖项显示相关的奖品信息，页面效果如图 22-2 所示。

（2）单击转盘中间的“单击抽奖”按钮，转盘转动即可开始抽奖。

（3）转盘停止后，指针指向的某个奖项为抽奖结果，弹出对应的抽奖结果，页面效果如图 22-3 所示。

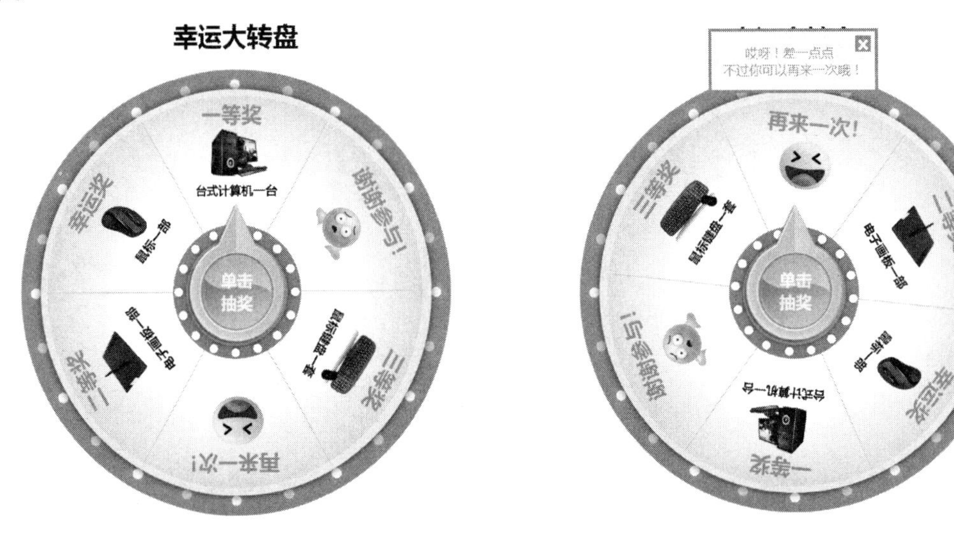

图 22-2　　　　图 22-3

如果抽到奖项后再次单击“单击抽奖”按钮，那么弹出提示信息“你已经抽过了，下次活动再来吧！”；如果没有抽到奖项，那么弹出提示信息“很遗憾本次您未能中奖，感谢您的参与！”；如果抽到“再来一次”，那么可以单击“单击抽奖”按钮重新抽奖。

22.3 设计思路

（1）运用 HTML 和 CSS 构建页面内容并布局。页面布局如图 22-4 所示。

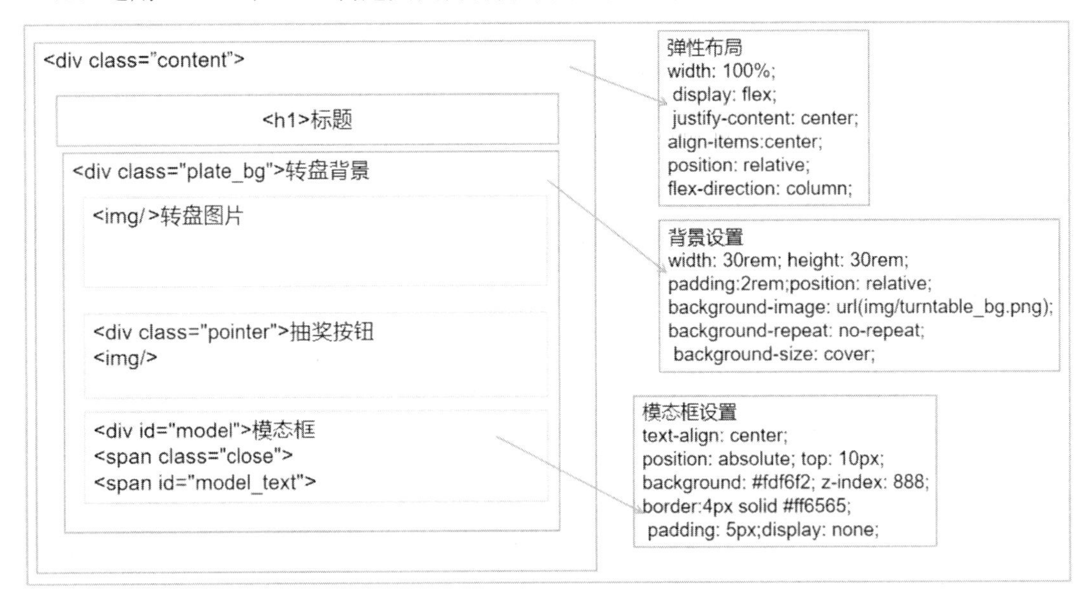

图 22-4

（2）定义全局变量。

- 定义变量 PrizeSon：用来设置中奖提示语数组，数组内容根据转盘奖项的显示情况来定义（逆时针方向）。
- 定义变量 totalNum：用来设置转盘等分总数（一共有多少个奖项）。
- 定义变量 isStatr：用来设置抽奖的状态，默认为 true。
- 定义变量 lenCloc：用来设置抽奖累计次数。
- 定义变量 turn：用来设置转盘最小旋转圈数。

（3）为“单击抽奖”按钮绑定 click 事件。

在 jQuery 中，可以使用 on()方法在被选元素及子元素上添加一个或多个事件处理程序，语法如下。

```
$(selector).on(event, function(){ });
//$(selector)被选元素
//event 执行事件
//event 执行事件后的代码为事件回调函数
```

- 获取按钮元素，使用 on()方法为“单击抽奖”按钮绑定 click 事件。
- 判断当前转盘的状态，默认是 true，单击后状态为 false，调用 operation()方法执行抽奖，如转盘状态为 false，弹出提示“你已经抽过了，下次活动再来吧！”。

（4）创建 operation()方法，执行抽奖过程。

- 执行一次该方法，累加一次抽奖次数。
- 定义变量 soBuom，获取一个随机的角度（角度值为 0°～30°，圆形为 360°，每个奖项占 60°，这里指针指到某个奖项时需要生成一个随机角度）。
- 定义变量 sun，计算转盘旋转最小角度。
- 定义变量 Prize，获取一个随机数（一共有 6 个奖项，需要随机生成编号 0～6）。
- JS 文件可以使用 Math（算数）对象实现随机数的生成，常用的随机数函数如下。
- ceil(x)：对 x 进行上舍入，即向上取整。
- floor(x)：对 x 进行下舍入，即向下取整。
- round(x)：四舍五入。
- random()：返回 0～1 的随机数，包含 0 但不包含 1。
- 当转盘转动时，使用 jQuery 选择器获取转盘图片元素（id 为 rotate），使用$(select).css()方法执行 CSS3transition 过渡和 transform 变形。

计算转盘转动的角度的公式为上次角度+转盘旋转最小角度+当前数字×60°+随机角度 = 最终旋转角度。

使用 jQuery 选择器获取转盘图片元素。

- 使用$(select).css()方法设置图片元素旋转时的过渡效果。
- 使用$(select).css()方法设置图片元素旋转角度。
- 使用 setTimeout()方法在指定的时间内弹出中奖提示。

这里调用的时间根据指定元素 transition 过渡时间来计算（每圈 3 秒×圈数）。

setTimeout()是 Window 对象的方法，用于在指定的毫秒数后调用函数或计算表达式。

setTimeout()方法的第一种语法格式如下。

```
setTimeout(要执行的代码,等待的毫秒数)
```

setTimeout()方法的第二种语法格式如下。

```
setTimeout(JavaScript 函数,等待的毫秒数)
```

（5）获取当前中奖奖项的编号，访问奖项提示语数组，使用 show()方法以弹窗的形式显示当前的中奖信息。

当中奖奖项的编号为 3 时，表示可以再来一次，设置 isStatr 转盘的状态为 true，表示可以再次操作。

（6）关闭弹窗事件。使用 on()方法为关闭窗口的按钮设置 click 事件，单击时使用 hide()方法隐藏弹窗。

22.4 实验实施（跟我做）

22.4.1 步骤一：构建页面

（1）创建项目 Lucky_turntable，该项目中包含页面文件 index.html、jQuery 文件 jquery.min.js 和图片文件夹 img（图片文件夹 img 中包含 5 张图片）。Lucky_turntable 项目的目录结构如图 22-5 所示。

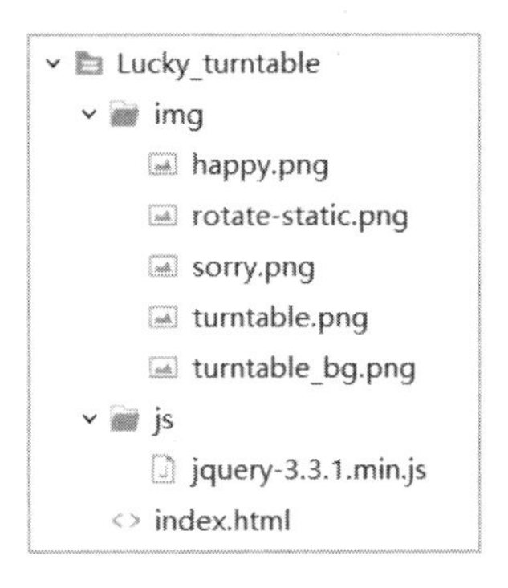

图 22-5

（2）编辑页面文件 index.html，将页面标题修改为“幸运大转盘”。

```
<!DOCTYPE html>
<html>
    <head>
        <meta charset="utf-8">
        <title>幸运大转盘</title>
    </head>
    <body>
    </body>
</html>
```

（3）构建 HTML 页面。

- 在<body>标签中添加抽奖外框、标题、转盘和抽奖按钮等内容。
- 在相关标签上添加对应的全局属性。

```
<body>
   <div class="content">
       <h1>幸运大转盘</h1>
       <br/>
       <!--转盘-->
       <div class="plate_bg">
             <img src="img/turntable.png" id="rotate"/>
             <!--抽奖按钮-->
             <div class="pointer">
```

```
                <img src="img/rotate-static.png"/>
            </div>
        </div>
        <!--模态框-->
        <div id="model">
            <span class="close">X</span>
            <div id="model_text"></div>
        </div>
    </div>
</body>
```

（4）先在<head>标签中添加<style>标签，用来引入内部样式表，再设置 CSS 样式。

- 设置全局样式，清除页面上所有元素默认的内边距和外边距，图片默认的最大宽度为父元素的 100%。
- 设置最外层元素为弹性布局，弹性容器内的子元素纵向排列，子元素在水平和垂直方向居中对齐。
- 设置转盘的宽度、高度、内边距和背景图片。
- 设置抽奖按钮的宽度和高度，并设置其定位方式为绝对定位，转盘的定位方式为相对定位，根据转盘来设置偏移，使按钮垂直居中显示在转盘的单击区域。
- 设置模态框、模态框关闭按钮及模态框内容的样式和位置。

```
<head>
<title>幸运大转盘</title>
    <style>
     /*全局样式*/
    *{ margin: 0; padding: 0; }
    img{ max-width: 100%; }
    /*最外层样式*/
    .content{ display: flex; flex-direction: column; justify-content: center;
align-items:center; position: relative; }
     /*转盘样式*/
    .plate_bg{  width:  30rem;  height:  30rem;  padding:2rem;  background-
image:url(img/turntable_bg.png); background-repeat: no-repeat; background-size:
cover; position:relative; }
    /*抽奖按钮样式*/
    .pointer{ width: 8rem; height: 8rem; position: absolute; left: 38%; top:
30%; }
    /*模态框样式*/
    #model{background: #fdf6f2; border:4px solid #ff6565; padding: 5px; text-
align: center; position: absolute; top: 10px; display: none; }
    .close{  float:  right;  width:  20px;  height:  20px;  background-color:
#FF6565; color: #fff; font-size: 25px; font-weight: bold; line-height: 19px;
cursor: pointer; }
    #model_text{ padding: 10px; color: #FF6565; }
    </style>
</head>
```

22.4.2　步骤二：下载和使用 jQuery

1）下载 jQuery

在 jQuery 官网中下载 jQuery。下载完成后，将下载的 jquery.min.js 文件放入项目的 js 文件夹中。

2）使用 jQuery

编辑 index.html 文件，将 js 文件夹中的 jquery.min.js 文件引入 index.html 文件中。

```
<body>
...... 此处省略前面编写的代码
 <script src="js/jquery-3.3.1.min.js"></script>
</body>
```

22.4.3 步骤三：定义全局变量

（1）在 index.html 文件中添加一个<script>标签。

```
<script src="js/jquery.min.js"></script>
<script>
</script>
```

（2）在<script>标签中编写代码（定义几个全局变量）。

```
    var prizeSon = ['一等奖，台式计算机一台'，'幸运奖，鼠标一部'，'二等奖，电子画板一部'，
'哎呀！差一点点，不过你可以再来一次哦！'，'三等奖，鼠标键盘一套'，'谢谢参与！']; //中奖提示语
    var totalNum = 6;     //转盘等分总数（一共有多少个奖项）
    var isStart = true;  //没有执行完的时候，不可以再次单击
    //当前第几次抽奖，计算叠加的角度数（如果指针指向"再来一次！"，那么可以再次抽奖）
    var lenCloc = 0;
    var turn = 3;           //转盘最少旋转的圈数
```

22.4.4 步骤四：设置 click 事件

（1）使用 on()方法为"单击抽奖"按钮设置 click 事件。

```
/*"单击抽奖"按钮*/
$('.pointer').on('click',function(){
    ......    //执行 click 事件回调函数
})
```

（2）click 事件的处理：判断抽奖的状态，默认是 true（可抽奖状态），单击后为 false（不可抽奖状态）。

- 当为可抽奖状态时，将变量 isStart 设置为 false，并执行抽奖的方法 operation()。
- 当为不可抽奖状态时，将模态框中的文本修改为"你已经抽过了，下次活动再来吧！"，并弹出模态框提示用户。

```
//处理 click 事件
if(isStart){
   isStart = false;       //设置抽奖状态为不可用状态
    operation();           //执行抽奖
 }else{                    //抽奖状态为不可用状态，表示已抽过奖或抽奖机会已用尽
     $("#model_text").html("你已经抽过了，下次活动再来吧！");
     $("#model").show();
     return false;
}
```

22.4.5 步骤五：创建 operation()方法执行抽奖操作

（1）使用 function 关键字创建函数，函数名为 operation。

- 每调用一次 operation()函数，lenCloc 变量的值加 1（抽奖次数标记）。
- 定义变量 prize，获取 0～5 的随机整数。

- 定义变量 sun，turn(转盘最少旋转的圈数)*360 用来计算转盘旋转的最小角度。
- 定义 soBuom，获取一个 0°～30° 的随机角度。
- 使用 DOM 操作转盘图片样式，使用 CSS3 过渡和 2D 转换设置转盘旋转动画，动画持续时间为 3 秒。
- 转盘旋转角度为上次角度+转盘旋转最小角度+当前数字×60°+随机角度。

```
function operation() {
   lenCloc++;
var prize = Math.floor(Math.random()*totalNum) , sun = turn*360 ;
//编号  //度数  //时间
    var soBuom =parseInt(Math.floor(Math.random()*60) - 30);
    /*上次角度+转盘旋转最小角度+当前数字 *60+随机角度=转盘旋转角度*/
    $("#rotate").css({
       "transition": "transform 3s linear",
       "transform": "rotate("+((lenCloc*sun+prize*60)+soBuom)+"deg)"
   });
......    //setTimeout()方法
}
```

（2）使用 setTimeout()方法在指定的时间后弹出抽奖结果提示模态框。

```
setTimeout(function () {
 var info="";
 if(prize == 3){
      info= "哎呀！差一点点<br/>不过你可以再来一次哦！";
      isStart = true; //可以再抽一次
 }else if(prize == 5){
              info= "很遗憾<br/>本次您未能中奖，感谢您的参与！";
              isStart = false;
 }else{
              info= "恭喜你:<br/>"+ prizeSon[prize];
              isStart = false;
 }
 $("#model_text").html(info);
 $("#model").show();
}, 3300);
```

运行效果如图 22-6 所示。

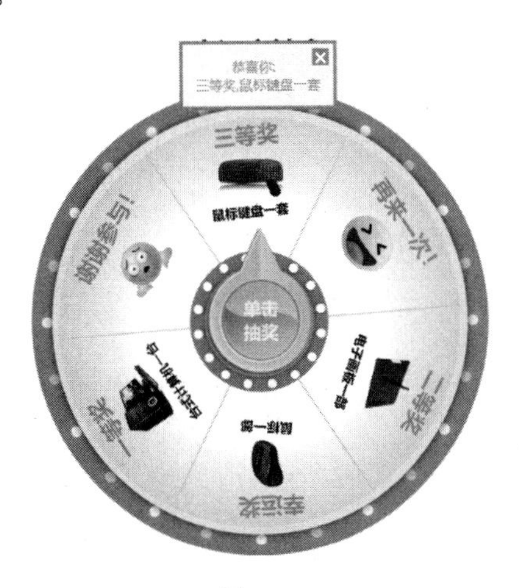

图 22-6

22.4.6 步骤六：关闭弹窗

使用 on()方法为模态框关闭按钮设置 click 事件，单击后隐藏模态框。

```
/*点击关闭按钮*/
$('.close').on('click',function(){
 /*隐藏模态框*/
   $("#model").hide();
})
```

第 23 章 JavaScript+jQuery：网页便签

23.1 实验目标

（1）掌握 JavaScript 的基础语法和程序结构（如条件结构和循环结构等）。

（2）掌握 JavaScript 事件的定义和使用。

（3）掌握 JavaScript 面向对象的定义和使用。

本章的知识地图如图 23-1 所示。

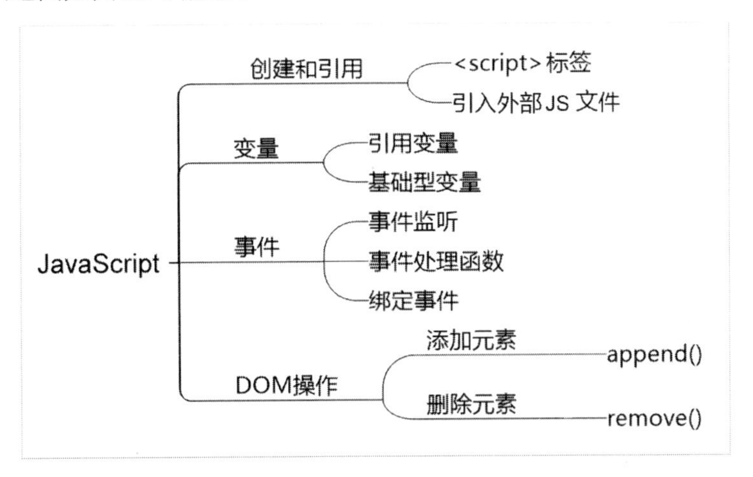

图 23-1

23.2 实验任务

在页面中实现一个简易的网页便签，页面效果如图 23-2 所示。

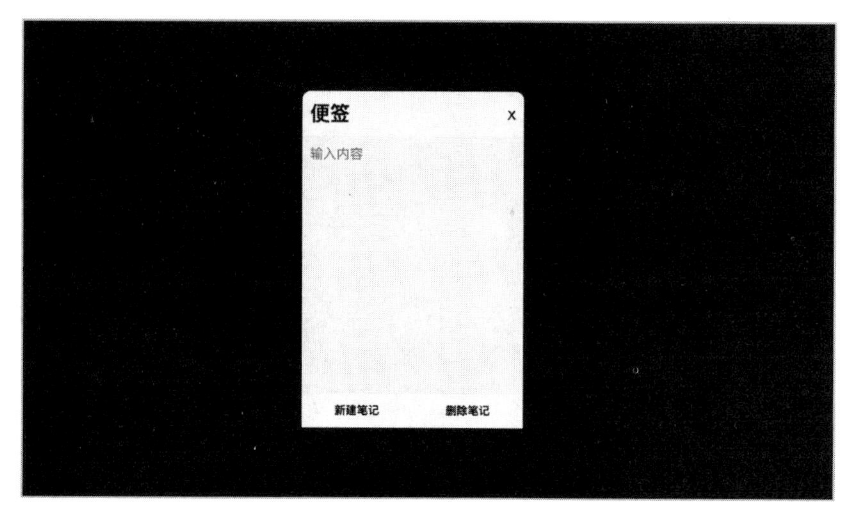

图 23-2

页面中包含标题区域、内容区域和两个操控按钮。标题区域用于展示标题和“关闭”按钮，内容区域用于展示内容，两个操控按钮用来控制页面新建笔记或删除笔记。

23.3 设计思路

本实验的资源文件夹中包含的内容如表 23-1 所示。

表 23-1

序　号	文件名称	说　明
1	index.html	网页便签页面文件
2	js/jquery-3.2.1.js	引入 jQuery 文件
3	js/index.js	用于 JavaScript 函数的实现
4	css/main.css	用于页面样式的实现

设计流程如图 23-3 所示。

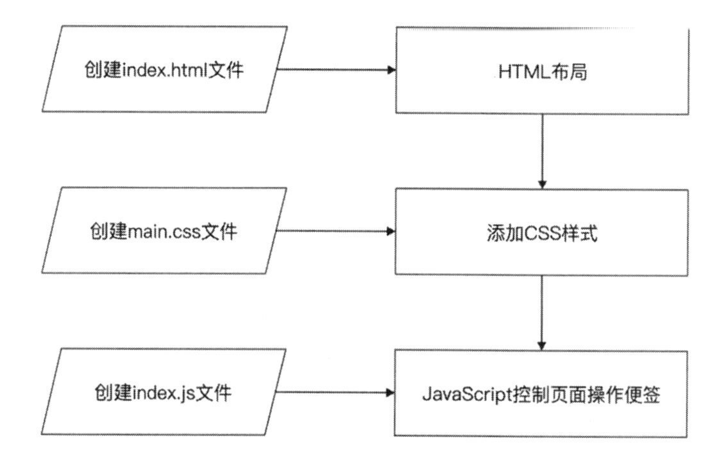

图 23-3

23.4　实验实施（跟我做）

23.4.1　步骤一：HTML 布局

（1）创建便签页面，并将其命名为 index.html。

```
<!DOCTYPE HTML PUBLIC "-//W3C/ /DTD HTML 5.0 1 Transitional/ /EN">
<html>
<head>
     <meta charset="utf-8">
     <title>网页便签</title>
</head>
<body>
</body>
</html>
```

（2）按照便签样式在<body>标签中添加标题区域、内容区域和操控按钮。

```
<main class="container">
    <article class="box-0">
        <header>
            <h2>便签</h2>
            <span current="0" class="close">x</span>
        </header>
        <main>
            <textarea placeholder="输入内容"></textarea>
        </main>
        <footer>
            <button class="create">新建笔记</button>
            <button current="0" class="delete">删除笔记</button>
        </footer>
    </article>
</main>
```

23.4.2　步骤二：添加 CSS 样式

（1）创建 main.css 文件。

（2）在 index.html 文件中引入 main.css 文件。

```
<link rel="stylesheet" href="css/main.css">
```

（3）编辑 main.css 文件，为页面添加样式。

```
*{
    margin: 0;
    padding: 0;
    box-sizing: border-box;
}

html,body{
    width: 100%;
    height: 100%;
}

/*页面样式：背景设置为黑色，超出部分隐藏*/
body{
```

```
    background: black;
    overflow: hidden;
}

/*页面整体区域的样式：使用弹性布局，内部元素居中，高度为100%*/
.container{
    display: flex;
    justify-content: center;
    align-items: center;
    height: 100%;
}

/*标签的样式：使用弹性布局和绝对定位，宽度为270像素，高度为400像素，背景色为rgb(251, 255,
131)

便签上方显示为10像素的圆角边框，下方为直角。便签显示为10像素的灰色阴影*/
article{
    position: absolute;
    display: flex;
    flex-direction: column;
    justify-content: space-between;
    width: 270px;
    height: 400px;
    background: rgb(251, 255, 131);
    border-radius: 10px 10px 0 0;
    box-shadow: 0 0 10px rgba(33, 33, 33, 0.3);
}

/*标题区域的样式：使用弹性布局，内部元素垂直居中，两端对齐，外边距为10像素*/
article header{
    display: flex;
    align-items: center;
    justify-content: space-between;
    padding: 10px;
}

article main{
    flex: 1;
}

/*按钮区域的样式：使用弹性布局，内部元素两端对齐，宽度为100%，高度为40像素*/
article footer{
    display: flex;
    justify-content: space-between;
    width: 100%;
    height: 40px;
}

/*操控按钮的样式:宽度为100%，无边框，无轮廓，字体粗度为600，没有背景*/
button{
    width: 100%;
```

```
        border: none;
        outline: none;
        font-weight: 600;
        background: none;
    }

    button:hover{
        background: rgba(167, 167, 0, 0.91);
        color: white;
        cursor: pointer;
    }

    /*内容区域的样式：宽度和高度都为 100%，背景色为#fffb50，无边框，无轮廓，字号为 16 像素，外
边距为 10 像素，禁止拖曳*/
    textarea{
        width: 100%;
        height: 100%;
        background: #fffb50;
        border: none;
        outline: none;
        font-size: 16px;
        padding: 10px;
        resize: none;
    }

    .close{
        font-size: 20px;
        cursor: pointer;
    }
```

23.4.3　步骤三：使用 JavaScript 控制网页便签

（1）创建 index.js 文件。

（2）导入 JS 文件。

```
<script src="js/jquery-3.2.1.js"></script>
<script src="js/index.js" charset="utf-8"></script>
```

（3）编辑 index.js 文件，实现便签功能。

```
$(document).ready(function () {
    //定义 index 的值为 1
    var index = 1;
    //获取页面元素
    var dom = $('.container');
    //调用 event()方法
    event();
    function event() {
        //定义 arr 为所有的便签元素
        var arr = $('article');
        //定义 off 为两个关闭按钮
        var off = $(".delete,.close");
        //为便签添加 click 事件
        arr.off('click').on('click', function () {
```

```
            /*单击后通过$()选择器获取便签元素的 dom，使用 ele.csc()方法修改便签元素的 z-
index 值，使被单击的元素永远在最前面*/
            $(this).css('z-index', index++)
        });
        //为两个关闭按钮添加 click 事件
        off.off('click').on('click', function () {
            //删除单击的便签元素
            $(".box-" + $(this).attr('current')).remove();
            //调用 event()方法
            event();
        });

        //为新建的便签按钮添加 click 事件
        $(".create").off('click').on('click', function () {
            //在页面中新增便签元素
            arr = dom.append(`
        <article class="box-${arr.length}" style="transform: translate(${arr.length %
2 * 40}px,${arr.length *30}px);z-index: ${index + 2}">
            <header>
                <h2>便签</h2>
                <span current="${arr.length}" class="close">x</span>
            </header>
            <main>
                <textarea placeholder="输入内容"></textarea>
            </main>
            <footer>
                <button class="create">新建笔记</button>
                <button current="${arr.length}" class="delete">删除笔记</button>
            </footer>
        </article>
        `);
            //调用 event()方法
            event();
        });
    }
});
```

第 24 章 JavaScript+jQuery：拼图

24.1 实验目标

（1）掌握 JavaScript 的基础语法和程序结构（如条件结构和循环结构等）。
（2）掌握 JavaScript 事件的定义和使用。
（3）掌握 JavaScript 面向对象的定义和使用。
本章的知识地图如图 24-1 所示。

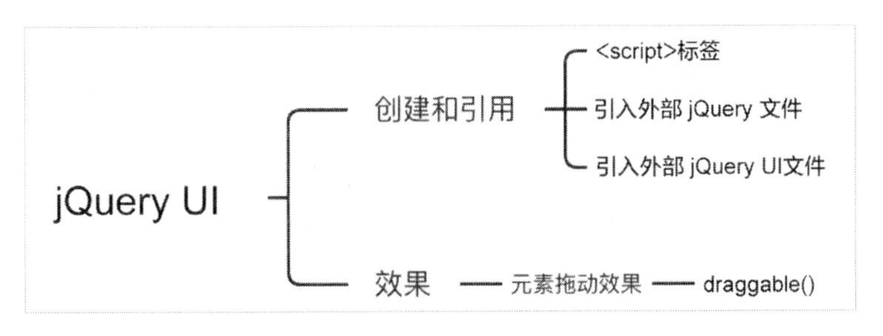

图 24-1

24.2 实验任务

在页面中实现一个简易的拼图，页面效果如图 24-2 所示。

页面中包含拼图区域和一个操控按钮，拼图区域用于将拼图复位，操控按钮用于将拼图游戏重置到开始状态。

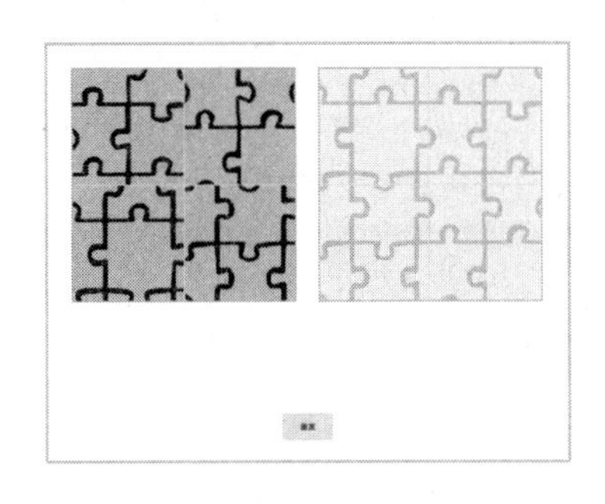

图 24-2

24.3 设计思路

本实验的资源文件夹中包含的内容如表 24-1 所示。

表 24-1

序　号	文件名称	说　明
1	index.html	拼图页面文件
2	js/jquery.js	引入 jquery.js 文件
3	js/jquery-ui.min.js	引入 jquery-ui.min.js 文件
4	js/controller.js	用于 JavaScript 函数的实现
5	css/main.css	用于页面样式的实现
6	images	图片资源文件夹

设计流程如图 24-3 所示。

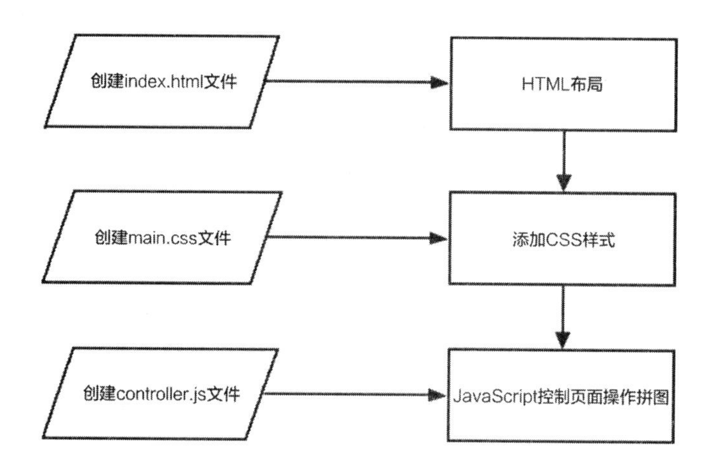

图 24-3

24.4 实验实施（跟我做）

24.4.1 步骤一：HTML 布局

（1）创建拼图页面，并将其命名为 index.html。

```
< ! DOCTYPE HTML PUBLIC "-//W3C/ /DTD HTML 5.0 1 Transitional/ /EN">
<html>
<head>
<meta charset="utf-8">
<title>拼图</title>
</head>
<body>
</body>
</html>
```

（2）按照拼图样式在<body>标签中添加拼图区域和操控按钮。

```
<div class="controller">
    <div class="unfinished">
```

```
        <div class="img1 puzzle1"></div>
        <div class="img2 puzzle2"></div>
        <div class="img3 puzzle3"></div>
        <div class="img4 puzzle4"></div>
    </div>
    <div class="finished">
        <div class="img1" puzzle="1"></div>
        <div class="img2" puzzle="2"></div>
        <div class="img3" puzzle="3"></div>
        <div class="img4" puzzle="4"></div>
    </div>
</div>
<div class="buttons">
    <button class="reset">重置</button>
</div>
```

24.4.2 步骤二：添加 CSS 样式

（1）创建 main.css 文件。

（2）在 index.html 文件中引入 main.css 文件。

```
<link rel="stylesheet" href="css/main.css">
```

（3）编辑 main.css 文件，为页面添加样式。

```
/*覆盖默认样式*/
* {
    margin: 0;
    padding: 0;
}

/*设置页面为弹性布局，内部元素居中，高度为 100vh 减去内边距，自动换行，上、下内边距均为 100 像素，左、右内边距为 0*/
body {
    display: flex;
    align-items: center;
    justify-content: center;
    height: calc(100vh - 200px);
    flex-wrap: wrap;
    padding: 100px 0;
}

/*设置拼图区域为弹性布局，内部元素上下居中，左右两端对齐*/
.controller {
    display: flex;
    align-items: center;
    justify-content: space-between;
}

/*设置拼图区域的子元素的宽度为 400 像素，高度为 400 像素，外边距为 20 像素，边框为 1 像素的#555 直线；采用相对定位*/
.controller > * {
    width: 400px;
    height: 400px;
```

```
    margin: 20px;
    border: 1px solid #555;
    position: relative;
}
```

/*设置拼图区域的孙级元素的宽度为 200 像素，高度为 200 像素；边框为 1 像素的#ddd 的直线；盒子边框的尺寸；采用绝对定位；超出部分隐藏*/

```
.controller > * > * {
    width: 200px;
    height: 200px;
    border: 1px solid #ddd;
    box-sizing: border-box;
    position: absolute;
    overflow: hidden !important;
}

/*对每个拼图碎片进行定位*/
.controller > * > *:nth-child(1) {
    left: 0;
    top: 0;
}

.controller > * > *:nth-child(2) {
    left: 200px;
    top: 0;
}

.controller > * > *:nth-child(3) {
    left: 0;
    top: 200px;
}

.controller > * > *:nth-child(4) {
    left: 200px;
    top: 200px;
}

/*设置每个拼图碎片的图片*/
.puzzle1 {
    background-image: url("../images/puzzle1.png");
}

.puzzle2 {
    background-image: url("../images/puzzle2.png");
}

.puzzle3 {
    background-image: url("../images/puzzle3.png");
}

.puzzle4 {
    background-image: url("../images/puzzle4.png");
```

```
}

/*设置拼图结束位置的所有内容*/
.finished:before {
    content: '';
    width: 400px;
    height: 400px;
    position: absolute;
    left: 0;
    top: 0;
    background-image: url("../images/puzzle.png");
    opacity: .3;
    background-size: cover;
    background-repeat: no-repeat;
}

/*设置按钮组样式*/
.buttons {
    width: 100%;
    display: flex;
    justify-content: center;
}

/*设置按钮样式*/
button {
    outline: none;
    user-select: none;
    padding: 12px 30px;
    border-radius: 3px;
    border: 1px solid #b9bdbd;
    background: wheat;
    margin: 0 20px;
}
```

24.4.3 步骤三：使用 JavaScript 控制拼图

（1）创建 controller.js 文件。

（2）导入 JS 文件。

```
<script src="js/jquery.js"></script>
<script src="js/jquery-ui.min.js"></script>
<script src="js/controller.js"></script>
```

（3）编辑 controller.js 文件，实现拼图功能。

```
$(function(){
    //备份初始页面元素结构
    var body = $("body").html();
    //调用初始化方法
    init();
    //定义初始化方法
    function init(){
        //调用 start()方法
        start();
```

```
        //使用 jQuery 选择器获取“按钮”元素，使用 on()方法为该元素绑定 click 事件
        $('.reset').on('click',function () {
            //调用 reset()方法
            reset();
        });
    }
    //定义 start()方法
    function start() {
        //定义两个数组
        var img_selector = [1,2,3,4],
            imgs = [1,2,3,4];
        //循环第一个数组
        for (var selector of img_selector){
            //将对应的拼图碎片元素与 selector 变量绑定
            selector = $(`.unfinished *:nth-child(${selector}`);
            //将绑定拼图碎片的 class 清空
            selector.attr("class","")
            //从数组中获取随机碎片
            var img = imgs[Math.floor(Math.random()*imgs.length)];
            //将随机获取到的碎片从数组中移除
            imgs.splice(imgs.indexOf(img),1);
            //为当前元素添加 class 属性
            selector.addClass("puzzle"+img);
            selector.addClass("puzzle");
            //为当前元素添加变量
            selector.attr("puzzle",img)
        }
        //调用 draggable()方法
        draggable();
    }
    //定义 reset()方法
    function reset() {
        //将 body 备份变量覆盖到当前页面的 body 中
        $("body").html(body)
        //调用 init()方法
        init();
    }
    //定义 draggable()方法，拖曳拼图元素
    function draggable(){
        //定义 num 为 0
        var num = 0;
        //定义 index 为 0
        var index = 0;
        //为未完成的拼图碎片定义拖曳事件
        $(".unfinished .puzzle").draggable({
            revert: true,
            snap: '.finished *',
            start: function () {
                //为当前拖曳的元素增加优先级
                $(this).css("z-index",++index)
                //为当前拖曳的元素增加 class
                $(this).addClass('selected');
```

```
        },
        stop: function () {
            //为当前拖曳的元素移除 class
            $(this).removeClass('selected');
        }
    });
    //定义放置事件
    $(".finished *").droppable({
        accept:'.selected',
        hoverClass: 'hover',
        drop:function (event,ui) {
            //判断拼图碎片是否正确放入对应的位置
            if ($(this).attr("puzzle")===$(ui.draggable).attr("puzzle")){
                //在拼图区域将拼图碎片放到对应图形所在的位置
                $(this).addClass("puzzle"+$(this).attr("puzzle"));
                //隐藏未完成区域对应的拼图碎片
                $(ui.draggable).hide();
                //完成拼图数量的增加
                num++;
                //判断完成拼图的数量是否为 4，若为 4 则游戏胜利
                if (num===4){
                    //提示游戏胜利
                    alert("Your Win!!!");
                }
            }
        }
    });
  }
})
```

第 25 章 JavaScript+jQuery：视频弹幕

25.1 实验目标

（1）能使用 JavaScript 数组执行数据的存取操作。
（2）能使用 Window 对象操作浏览器。
（3）能使用 jQuery 操作网页元素。
（4）能使用 jQuery 自定义动画为页面添加动态效果。
（5）能使用 jQuery 动画的取消和延迟等功能控制网页动态效果。
（6）能在网页中引入 jQuery 插件。
（7）能使用常用的 jQuery 插件进行网页的快捷开发。
（8）能使用 jQuery UI 插件开发交互效果页面。
（9）综合应用 JavaScript+jQuery 编程技术开发视频弹幕。
本章的知识地图如图 25-1 所示。

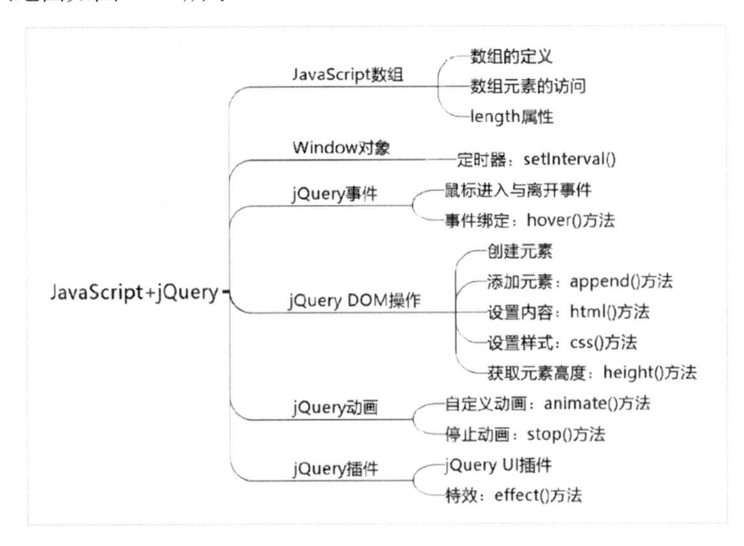

图 25-1

25.2　实验任务

使用 JavaScript+jQuery 完成视频弹幕特效。

（1）页面中有一个视频播放器，视频播放器的默认宽度是全屏的，并且会自动播放视频。

（2）在视频播放器的最右边会不断地出现弹幕，弹幕距视频播放器顶部的距离，以及文字的颜色和内容都是随机的；弹幕会从视频播放器的最右边一直移到最左边，最终消失，页面效果如图 25-2 所示。

图 25-2

（3）在弹幕文字消失之前，当鼠标指针移到某条弹幕上时，弹幕文字会抖动并停止移动，鼠标指针离开后继续移动。

25.3　设计思路

（1）运用 HTML 和 CSS 创建一个视频播放器页面。

（2）创建一个匿名函数，用于在页面上创建弹幕文字，函数的实现如下。

- 随机生成弹幕文字距视频播放器顶部的距离，并存放到变量 t 中。
- 使用 jQuery 创建弹幕文字，并使用 css()方法和变量 t 设置弹幕文字的位置及基本样式。
- 使用 animate()方法为弹幕文字添加从右向左移动的动画，动画持续 5 秒。
- 使用 append()方法把弹幕文字添加到<body>标签中。

（3）使用 setInterval()函数创建一个定时器，每隔 50 毫秒执行一次匿名函数。

（4）运用数组和随机数随机生成每条弹幕的内容和颜色。

- 定义两个数组，一个用于存放颜色值，另一个用于存放弹幕文字。
- 在匿名函数中，使用 Math.random()方法随机获取某个颜色值，并使用 css()方法设置弹幕文字的颜色。
- 在匿名函数中，使用 Math.random()方法随机获取某条弹幕，并使用 html()方法设置弹幕文字的内容。

（5）使用 hover()方法为所有弹幕文字绑定鼠标进入/离开事件，实现鼠标指针进入某条弹幕上时，其文字暂停移动并产生弹跳效果，鼠标指针离开后继续移动。

- 在匿名函数中，使用 hover()方法为弹幕文字绑定鼠标进入/离开事件，鼠标指针进入时执行函数 function(){}，鼠标指针离开后执行另一个函数 function(){}。
- 当鼠标指针进入函数时，使用 stop()方法暂停弹幕文字移动动画，并使用 jQuery UI 的 effect()方法实现弹跳效果。
- 当鼠标指针离开函数时，使用 animate()方法继续执行弹幕文字移动动画。

25.4 实验实施（跟我做）

25.4.1 步骤一：HTML 布局

（1）创建视频弹幕项目 barrage，该项目中包含页面文件 index.html、jQuery 文件 jquery.min.js、jQuery UI 文件 jquery-ui.min.js 和视频文件夹 video（该视频文件夹中包含一个视频文件）。barrage 项目的目录结构如图 25-3 所示。

图 25-3

（2）编辑 barrage 项目中的页面文件 index.html，并添加页面标题。

```
<!DOCTYPE html>
<html>
   <head>
      <meta charset="utf-8"/>
      <title>视频弹幕</title>
   </head>
   <body>
   </body>
</html>
```

（3）在<body>标签中编写 HTML 代码，添加页面内容。

添加一个视频播放器，并设置视频播放器自动静音循环播放视频。

```
<body>
   <!--视频播放器-->
   <video src="video/video.mp4" controls="controls" autoplay muted loop></video>
</body>
```

25.4.2 步骤二：添加 CSS 样式

（1）在 index.html 文件的<head>标签中添加<style>标签，用来引入 CSS 样式。

```
<head>
   <style>
```

```
    /*CSS 样式代码*/
    </style>
</head>
```

（2）在<style>标签中编写 CSS 代码，为页面添加样式。

- 清除页面默认的内边距和外边距，并设置背景色为黑色。
- 设置视频播放器的宽度为页面的 100%，使其全屏显示。

```
<style>
body{ margin:0; padding: 0; background: black;}
video{ width: 100%; }
</style>
```

页面的显示效果如图 25-4 所示。

图 25-4

25.4.3 步骤三：实现弹幕功能

（1）在 index.html 文件的<body>标签中添加<script>标签，以引入 jquery.min.js 文件。

```
<body>
    ......
    ...... 此处省略 HTML 代码
    <!--引入 jQuery-->
    <script src="js/jquery.min.js"></script>
</body>
```

（2）在<script>标签之后再添加一个<script >标签并编写代码，用来实现弹幕功能。

- 创建一个定时器，每隔 50 毫秒执行一次匿名函数，在页面上创建弹幕文字。

```
<script>
//创建一个定时器，每隔 50 毫秒在页面上创建一条弹幕
setInterval(function(){


},50);
</script>
```

- 编写匿名函数中的代码，用于获取视频播放器的高度，并根据视频播放器的高度随机生成弹幕文字距视频播放器顶部的距离。

```
setInterval(function(){
   //获取视频播放器的高度
   var videoHeight = $("video").height();
```

```
    //随机生成弹幕文字距视频播放器顶部的距离
    var t = parseInt(Math.random() * videoHeight - 120);
},50);
```

- 创建一个弹幕文字标签，并设置弹幕文字的字号、颜色和位置。

```
setInterval(function(){
    ...... 此处省略上面的 JavaScript 代码
    //创建弹幕文字，并设置弹幕文字的样式
    var barrage = $("<p>弹幕文字</p>").css({
        "font-size": "20px",
        "color": "white",
        "position":"fixed",
        "right":"-100px",
        "top": t+"px",
    })
},50);
```

- 为弹幕文字添加从右向左移动的动画，动画播放时间持续 5 秒，并把弹幕文字添加到网页中。

```
setInterval(function(){
    ...... 此处省略上面的 JavaScript 代码
    //为弹幕文字添加从右向左移动的动画，动画播放时间持续 5 秒
    barrage.animate({
        "right":"3000px"
    },5000);
    //把弹幕文字添加到网页中
    $("body").append(barrage);
},50);
```

运行效果如图 25-5 所示。

图 25-5

25.4.4 步骤四：扩展弹幕功能

（1）定义一个全局变量，变量的值是一个数组，数组中有 9 个元素，表示 9 种不同的颜色。

```
<script>
//定义一个数组，保存 9 种颜色
```

```
var colors = Array('red',"orange","yellow","green","teal","blue","purple","pink",
"white");

setInterval(function(){
    ...... 此处省略 JavaScript 代码
},50);
</script>
```

（2）将弹幕文字添加到网页中之前，从颜色数组中随机获取一种颜色，并使用 css()方法设置弹幕文字的颜色样式。运行效果如图 25-6 所示。

```
setInterval(function(){
    ...... 此处省略 JavaScript 代码
    //随机获取一种颜色，并设置弹幕文字的颜色样式
    var i = parseInt(Math.random() * 9);
    barrage.css("color",colors[i]);

    //把弹幕文字添加到网页中
    $("body").append(barrage);
},50);
```

图 25-6

（3）再定义一个全局变量，变量的值是一个数组，数组中有 7 个元素，表示 7 条不同的评论。

```
//定义一个数组，保存 9 种颜色
...... 此处省略 JavaScript 代码
//定义一个数组，保存 7 条评论
var comments = Array('666',"哈哈","哈哈哈哈哈","路过","来啦来啦","刷 N 次了","嘿嘿");
```

（4）将弹幕文字添加到网页中之前，从评论数组中随机获取一条评论，并使用 html()方法修改弹幕文字的内容，运行效果如图 25-7 所示。

```
//随机获取一种颜色，并设置弹幕文字的颜色样式
...... 此处省略 JavaScript 代码
//随机获取一条评论，并修改弹幕文字的内容
i = parseInt(Math.random() * 7);
barrage.html(comments[i]);
```

图 25-7

（5）在引入 jQuery 文件之后，添加<script>标签，用来引入 jquery-ui.min.js 文件。

```
<!--引入 jQuery UI-->
<script src="js/jquery-ui.min.js"></script>
```

（6）将弹幕文字添加到网页中之前，为所有弹幕文字绑定鼠标进入/离开事件；当鼠标指针进入某条弹幕上时，停止当前弹幕文字的移动动画，并产生弹跳效果；当鼠标指针离开该条弹幕时，继续播放移动动画。

```
setInterval(function(){
    ...... 此处省略 JavaScript 代码

    //为弹幕文字绑定鼠标进入/离开事件
    barrage.hover(function(){
        //当鼠标指针进入弹幕文字上时，停止当前弹幕文字的动画，并产生弹跳效果
        $(this).stop().effect("bounce");
    },function(){
        //当鼠标指针离开弹幕文字时，继续播放动画
        $(this).animate({
                "right":"2000px"
        },5000);
    });

    //把弹幕文字添加到网页中
    $("body").append(barrage);
},50);
```

第 26 章 JavaScript+jQuery：网页调色器

26.1 实验目标

（1）掌握 JavaScript 的基础语法和程序结构（如条件结构和循环结构等）。
（2）掌握 JavaScript 数组的定义和使用。
（3）掌握 JavaScript 面向对象的定义和使用。
（4）掌握 jQuery 事件的定义和使用。
（5）熟练使用 jQuery 执行 DOM 操作。
本章的知识地图如图 26-1 所示。

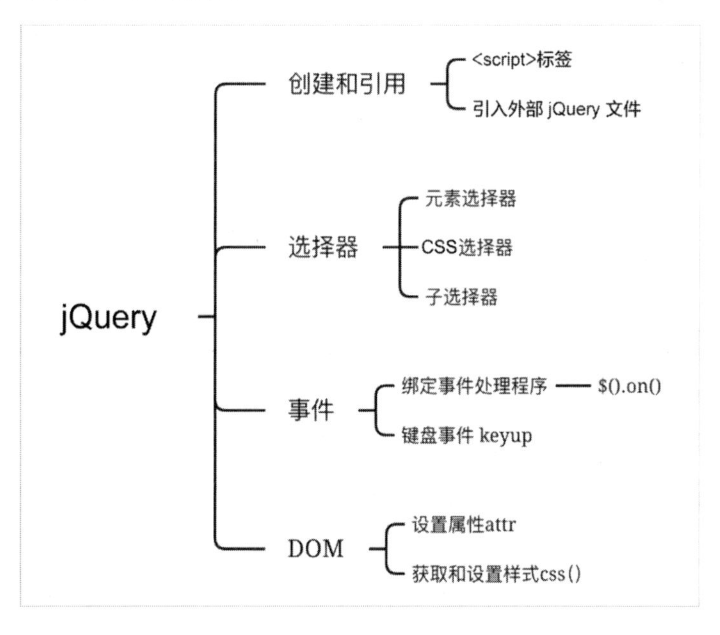

图 26-1

26.2 实验任务

在页面中实现一个简易的网页调色器，页面效果如图 26-2 所示。

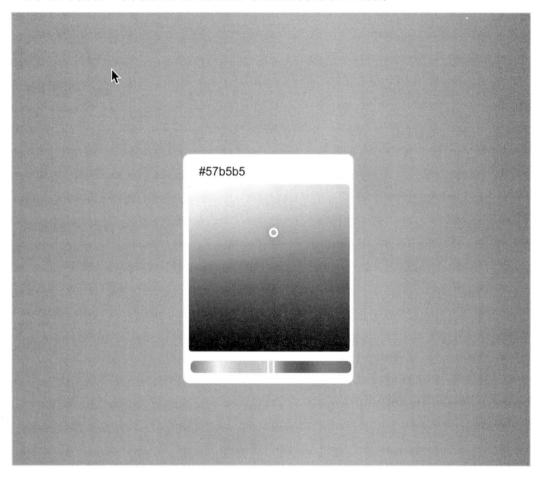

图 26-2

页面中包含一个调色窗口，用于调整当前颜色。调色窗口中包含十六进制数输入框、饱和度与明度调整区域，以及色相拖动控件。

26.3 设计思路

本实验的名称为 palette，资源文件夹中包含的内容如表 26-1 所示。

表 26-1

序　号	文 件 名 称	说　明
1	index.html	调色器页面文件
2	jquery.js	jQuery 库
3	js/main.js	用于 JavaScript 函数的实现
4	css/main.css	用于页面样式的实现

设计流程如图 26-3 所示。

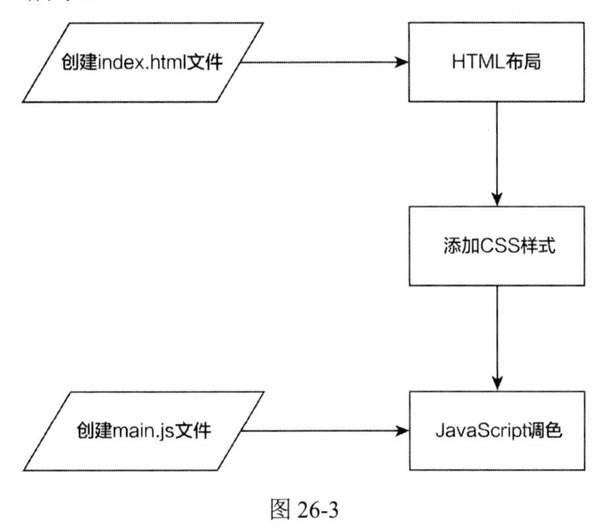

图 26-3

26.4　实验实施（跟我做）

26.4.1　步骤一：HTML 布局

（1）创建调色页面，并将其命名为 index.html。

```
<!DOCTYPE html>
<html>
<head>
     <meta charset="utf-8">
     <title>调色器</title>
</head>
<body>
</body>
</html>
```

（2）按照调色器样式在<body>标签中添加调色窗口。

```
<div class="pickshell">
   <!--[Start]调色窗口-->
   <div class="picker" data-hsv="180,0,0">
      <!--[Start]颜色输入框-->
      <input type="text" class="input-change" name="change" value=""/>
      <!--[End]-->

      <!--[Start]饱和度与明度调整区域-->
      <div class="board">
         <div class="choice"></div>
      </div>
      <!--[End]-->

      <!--[Start]色相调整-->
      <input type="range" class="button-move" min="0" max="360" value="180"/>
      <!--[End]-->
   </div>
```

```
    <!--[End]-->
</div>
```

26.4.2 步骤二：添加 CSS 样式

（1）创建 main.css 文件。

（2）在 palette/index.html 文件中引入 main.css 文件。

```
<link rel="stylesheet" href="css/main.css">
```

（3）编辑 main.css 文件，为页面添加样式。

```
html {
    height: 100%;
}

body {
    display: flex;
    height: 100%;
    background: black;
}

/*整体布局方式*/
.pickshell {
    margin: auto;
    width: 192px;
}

/*调色窗口样式*/
.picker {
    z-index: 12345;
    overflow: hidden;
    padding: 6px;
    border-radius: 8px;
    background-color: #fff;
    border: 1px solid #adadad;
}

/*十六进制数输入框样式*/
.input-change {
    margin: 0 0 0 0.7em;
    width: 139px;
    border: none;
    outline: none;
    display: inline-block;
}

/*饱和度与明度调整区域样式*/
.board {
    width: 180px;
    height: 180px;
    margin: 4px 0 6px;
    position: relative;
    background-color: #00ffff;
```

```
    border-radius: 4px !important;
}

/*[Start]饱和度与明度区域遮罩*/
.board:before, .board:after {
    content: '';
    position: absolute;
    width: 100%;
    height: 100%;
    top: 0;
    right: 0;
}

.board:before {
    background: linear-gradient(to right, #ffffff 0%, rgba(255, 255, 255, 0)
100%);
}

.board:after {
    background: linear-gradient(to bottom, rgba(0, 0, 0, 0) 0%, #000000 100%);
}

.board:before, .board:after, .board{
    border-radius: 3px;
}
/*[End]饱和度与明度区域遮罩*/

/*饱和度与明度区域光标*/
.choice {
    width: 6px;
    height: 6px;
    margin: -5px;
    position: absolute;
    z-index: 1234;
    top: 100%;
    left: 0;
    background-color: transparent;
    border-radius: 20px;
    border: 2px solid #fff;
    box-shadow: 0px 1px 10px 0px rgba(0, 0, 0, 0.3);
}

.board, .choice {
    cursor: crosshair;
}

/*range 滑块样式*/
.button-move {
    appearance: none;
    display: inline-block;
    width: 180px;
    height: 1em;
```

```
    background: linear-gradient(to right, #ff3232 0%, #ff9900 10%, #ffff00 17%, #ccff00 20%, #32ff00 30%, #00ff65 40%, #00ffff 50%, #0065ff 60%, #3300ff 70%, #cb00ff 81%, #ff0098 90%, #ff0004 100%);
    border-radius: 5px;
    outline: none;
}

/*伪类样式：用于设置 range 滑块样式*/
.button-move::-webkit-slider-thumb {
    appearance: none;
    width: 8px;
    height: 1em;
    border-color: #fff;
    border-width: 0 2px;
    border-style: solid;
    border-radius: 0;
    cursor: pointer;
    background: transparent;
}
```

26.4.3 步骤三：JavaScript 调色

（1）创建 main.js 文件。

（2）导入 JS 文件。

```
<script src="js/jquery-3.2.1.js"></script>
<script src="js/main.js"></script>
```

（3）编辑 main.js 文件，实现调色功能。

```
$(document).ready(function () {
    $picker = $('.picker');
    $input = $picker.children('.input-change');         //颜色输入框
    $board = $picker.children('.board');                //hsv 显示区域
    $choice = $board.children();                        //调整 hsv 控件
    $range = $picker.children('.button-move');          //调整色相控件

    /*保存 hsv 色调，饱和度与明度*/
    var colors = $picker.attr('data-hsv').split(',');
    $picker.data('hsv', {h: colors[0], s: colors[1], v: colors[2]});

    /*保存 hex，十六进制数*/
    var hex = '#' + rgb2hex(hsv2rgb({h: colors[0], s: colors[1], v: colors[2]}));
    $input.val(hex);                                    //输入框内容变为十六进制数

    /*饱和度与明度调整区域*/
    $board.on('click', function (e) {
        var left = e.pageX - $board.offset().left;
        var top = e.pageY - $board.offset().top;
        $choice.css({'left': left, 'top': top});
        changeSatVal(left, top);
        changeColour($picker.data('hsv'), true);
    });
```

```
/*色相调整函数*/
$range.on('change', function (e) {
    changeHue(this.value);
});

//拖动色相控件改变色相
function changeHue(hue) {
    //修改 hsv 显示区域的颜色
    $board.css('background-color', 'hsl(' + hue + ',100%,50%)');
    var hsv = $picker.data('hsv');
    hsv.h = hue;
    changeColour(hsv);
}

/**
 *修改饱和度与明度
 *@param sat
 *@param val
 */
function changeSatVal(sat, val) {
    sat = Math.floor(sat / 1.8);
    val = Math.floor(100 - val / 1.8);
    var hsv = $picker.data('hsv');
    hsv.s = sat;
    hsv.v = val;
    changeColour(hsv);
}

/**
 *@param hsv
 *@param restyle
 *@param hex
 */
function changeColour(hsv, restyle, hex) {
    var rgb = hsv2rgb(hsv);
    if (!hex) {
        var hex = rgb2hex(rgb)
    }
    $picker.data('hsv', hsv).data('hex', hex).data('rgb', rgb);
    $input.val('#' + hex);
    if (restyle) {
        //重新渲染颜色
        changeStyle(rgb);
    }
}


/**
 *重新渲染颜色
 *@param rgb
 */
function changeStyle(rgb) {
    var rgb = 'rgb(' + rgb.r + ',' + rgb.g + ',' + rgb.b + ')';
```

```
        $('body').css('background-color', rgb);
    }

    $input.keyup(function (e) {
        if (e.which != (37 || 39)) {
            inputChange($input.val());
        }
    });

    function inputChange(val) {
        //如果 hex 输入框不符合正则规则就替换为空
        var hex = val.replace(/[^A-F0-9]/ig, '');
        //长度限制
        if (hex.length > 6) {
            hex = hex.slice(0, 6);
        }
        $input.val('#' + hex);
        if (hex.length == 6) {
            inputColour(hex);
        }
    }

    /**
     *根据 hex 换算 hsv 和坐标位置
     *@param hex
     */
    function inputColour(hex) {
        var hsv = hex2hsv(hex);
        //移动色相拖动控件
        $range.val(hsv.h) ;
        //移动坐标点位置
        $choice.css({
            left: hsv.s * 1.8,
            top: 180 - hsv.v * 1.8
        });
        //修改饱和度与明度区域的颜色
        $board.css('background-color', 'hsl(' + hue + ',100%,50%)');
        changeColour(hsv, true, hex);
    }

    /**
     *hex 转换为 hsv
     *@param hex
     *@returns {{s: number, v: number, h: number}}
     */
    function hex2hsv(hex) {
        var r = parseInt(hex.substring(0, 2), 16) / 255;
        var g = parseInt(hex.substring(2, 4), 16) / 255;
        var b = parseInt(hex.substring(4, 6), 16) / 255;
        var max = Math.max.apply(Math, [r, g, b]);
        var min = Math.min.apply(Math, [r, g, b]);
        var chr = max - min;
```

```
        hue = 0;
        val = max;
        sat = 0;
        if (val > 0) {
            sat = chr / val;
            if (sat > 0) {
                if (r == max) {
                    hue = 60 * (((g - min) - (b - min)) / chr);
                    if (hue < 0) {
                        hue += 360;
                    }
                } else if (g == max) {
                    hue = 120 + 60 * (((b - min) - (r - min)) / chr);
                } else if (b == max) {
                    hue = 250 + 60 * (((r - min) - (g - min)) / chr);
                }
            }
        }
        return {h: hue, s: Math.round(sat * 100), v: Math.round(val * 100)}
    }

    /**
     *hsv 转换为 rgb
     *@param hsv
     *@returns {{r: number, b: number, g: number}}
     */
    function hsv2rgb(hsv) {
        h = hsv.h;
        s = hsv.s;
        v = hsv.v;
        var r, g, b;
        var i;
        var f, p, q, t;
        h = Math.max(0, Math.min(360, h));
        s = Math.max(0, Math.min(100, s));
        v = Math.max(0, Math.min(100, v));
        s /= 100;
        v /= 100;
        if (s == 0) {
            r = g = b = v;
            return {r: Math.round(r * 255), g: Math.round(g * 255), b: Math.round(b
* 255)};
        }
        h /= 60;
        i = Math.floor(h);
        f = h - i; //h 的阶乘部分
        p = v * (1 - s);
        q = v * (1 - s * f);
        t = v * (1 - s * (1 - f));
        switch (i) {
            case 0:
                r = v;
```

```
                g = t;
                b = p;
                break;
            case 1:
                r = q;
                g = v;
                b = p;
                break;
            case 2:
                r = p;
                g = v;
                b = t;
                break;
            case 3:
                r = p;
                g = q;
                b = v;
                break;
            case 4:
                r = t;
                g = p;
                b = v;
                break;
            default:
                r = v;
                g = p;
                b = q;
        }
        return {r: Math.round(r * 255), g: Math.round(g * 255), b: Math.round
(b * 255)};
    }

    /**
     *rgb 转换为 hex
     *@param rgb
     *@returns {string}
     */
    function rgb2hex(rgb) {
        function hex(x) {
            return ("0" + parseInt(x).toString(16)).slice(-2);
        }

        return hex(rgb.r) + hex(rgb.g) + hex(rgb.b);
    }

});

/*
*hex 表示颜色十六进制数值
*hsv 颜色模型参数为色调（H）、饱和度（S）和明度（V）
*rgb 表示颜色数值
**/
```